药学实践教学创新系列教材

（供药学类、中药学类及相关专业用）

总主编 李校堃 叶发青

生物制药综合性与设计性实验教程

Shengwu Zhiyao Zonghexing Yu
Shejixing Shiyan Jiaocheng

U0309482

主　编　蔡　琳

副主编　封　云　王晓杰

主　审　林　丽

编　者（按姓氏笔画排序）

王　怡　王晓杰　刘　敏　李佩珍

金　子　封　云　曾爱兵　蔡　琳

高等教育出版社·北京

内容提要

《生物制药综合性与设计性实验教程》为"药学实践教学创新系列教材"之一。以药学本科专业"三三制"实践教学新体系和"厚基础、宽口径、强实践、求创新"的药学高等教育理念为宗旨编写而成,旨在提高学生自主学习、综合分析和解决较复杂问题的能力,培养学生科学思维和创新思维能力。全书共6章,分别是绪论、基础性实验、综合性实验、抗体库设计性实验、酶工程设计性实验、蛋白质表达设计性实验,总计18个实验。本书在内容编排上由浅入深,既注重基本实验操作,也注重多层次、多技术综合性和设计性实验的结合。

本书供高等学校药学类、中药学类及相关专业使用,也可供相关科研与生产人员参考。

图书在版编目(CIP)数据

生物制药综合性与设计性实验教程 / 蔡林主编. --
北京:高等教育出版社,2015.2
药学实践教学创新系列教材:供药学类、中药学类
及相关专业用 / 李校堃,叶发青主编
ISBN 978-7-04-041725-8

Ⅰ. ①生… Ⅱ. ①蔡… Ⅲ. ①生物制品-实验-高等

学校-教材 Ⅳ. ① TQ464-33

中国版本图书馆 CIP 数据核字 (2015) 第 014105 号

策划编辑 吴雪梅 赵晓媛　　责任编辑 单冉东　　封面设计 赵 阳　　责任印制 韩 刚

出版发行	高等教育出版社	咨询电话	400-810-0598
社　　址	北京市西城区德外大街4号	网　　址	http://www.hep.edu.cn
邮政编码	100120		http://www.hep.com.cn
印　　刷	保定市中画美凯印刷有限公司	网上订购	http://www.landraco.com
开　　本	787 mm×1092 mm 1/16		http://www.landraco.com.cn
印　　张	11.5	版　　次	2015年2月第1版
字　　数	260千字	印　　次	2015年2月第1次印刷
购书热线	010-58581118	定　　价	28.00元

药学实践教学创新系列教材

总编委会

总 主 编　李校堃　叶发青

总编委会　（按姓氏笔画排序）

仇佩虹　王晓杰　叶发青　叶晓霞

李校堃　林　丹　林　丽　金利泰

胡爱萍　赵应征　高红昌　梁　广

谢自新　董建勇　蔡　琳　潘建春

数字课程（基础版）

生物制药综合性与设计性实验教程

主编 蔡琳

生物制药综合性与设计性实验教程 主编 蔡琳

用户名 　　　　　 密码 　　　　　 验证码 　　　　 4377 进入课程

内容介绍　　纸质教材　　版权信息　　联系方式

　　数字课程（基础版）配套了课程对应的PPT和实验技术录像等内容，是对纸质教材的拓展和补充，有利于教师备课，也有利于学生提纲挈领地基本掌握实验原理与操作技能。

使用说明

数字课程网站
网址：http://abook.hep.com.cn/41725
http://abook.edu.com.cn/41725

用户名：输入教材封底的16位明码；密码：刮开"增值服务"涂层，输入16位暗码；输入正确的验证码后，点击"进入课程"开始学习。

相关教材

药物分析模块实验教程
主编 林丽

药剂学模块实验教程
主编 赵应征

大型分析仪器使用教程
主编 高红昌

药学实验室安全教程
主编 林丹 高红昌

生物制药工程实习实训教程
主编 王晓杰

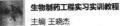
中药学专业基础实验（上册）
主编 仇佩红

高等教育出版社

http://abook.hep.com.cn/41725

▶ 序言

《教育部等部门关于进一步加强高校实践育人工作的若干意见》（教思政〔2012〕1号）中指出，实践教学是高校教学工作的重要组成部分，是深化课堂教学的重要环节，是学生获取、掌握知识的重要途径。各高校要全面落实本科专业类教学质量国家标准对实践教学的基本要求，加强实践教学管理，提高实验、实习、实践和毕业设计（论文）质量。此外还指出要把加强实践教学方法改革作为专业建设的重要内容，重点推行基于问题、基于项目、基于案例的教学方法和学习方法，加强综合性实践科目设计和应用。

药学是一门实践性很强的学科，药学人才应具备技术覆盖面广、实践能力强的特点。在传统的药学教育中，各门专业课程自成体系，每门课程的实验项目又被分解为许多孤立的操作单元，实验内容缺乏学科间的相互联系。每一个实验项目的针对性比较集中，训练面窄，涉及的知识点单一，很大程度上影响了实验技能训练的系统性，不符合科学技术认识和发展的内在规律。因此，建立科学完善的药学专业实践教学体系具有重要意义。

温州医科大学药学院经过多年实践建立了"学校－企业－医院"循环互动培养药学人才的教学模式，结合药学的定位和依托优势学科，充分利用校内外实习实训基地等资源，以培养学生的创新、创业精神和实践能力为目的，加强整合，注重实践，深化改革，建立了药学实践教学创新体系并编写了系列教材。该系列教材具有以下特点：

1. 提出了药学教育理念。 "厚基础、宽口径、强实践、求创新"是药学高等教育的理念，是药学实践教学创新体系和系列教材的编写必须遵循的教育理念。

2. 创建并实践了药学本科专业"三三制"实践教学新体系。 药学本科专业"三三制"实践教学新体系的内容是由实验教学、实训实习、科研实践三部分组成，每一部分包括三个阶段内容。实验教学包括基础性实验（四大模块实验）、药学多学科综合性实验和设计性实验；实训实习包括野外见习和企业见习、医院和企业实训、医院和企业实习；科研实践包括开放实验、科技训练和毕业论文三个阶段内容。

3. 构建药学实践教材体系。为了更好实施药学实践教学创新体系，编写一系列实验、实训、实习教材，包括《药物化学模块实验教程》《药物分析模块实验教程》《药理学模块实验教程》《药剂学模块实验教程》《药学综合性与设计性实验教程》《生物制药综合性与设计性实验教程》《中药学专业基础实验（上册)》《中药学专业基础实验（下册)》《药学毕业实习教程》《生物制药工程实习实训教程》《大型分析仪器使用教程》《药学实验室安全教程》共 12 本教材，包含了基础实验、专业实验、综合性实验、设计性实验、仪器操作及安全和实训实习等内容，该实践教学教材具有系统性和创新性。

4. 坚持五项编写原则。该系列教材的编写原则主要包括以下五个方面。

（1）"课程整合法"原则。根据药学专业特点，采用"课程整合法"构建与理论教学有机联系又相对独立的四大模块实验课程。按照学科把相近课程有机地组合起来，避免实验操作和项目的重复。其教学目标是培养学生掌握实验基本理论、基本知识、基本方法、基本技能，以及受到科学素质的基本训练。其教材分别是《药物化学模块实验教程》（专业基础课无机化学实验、有机化学实验和专业课药物化学实验课程整合而成）、《药物分析模块实验教程》（专业基础课分析化学实验、仪器分析实验和专业课药物分析实验、制剂分析实验课程整合而成）、《药剂学模块实验教程》（专业基础课物理化学实验、专业课药剂学和药物动力学实验课程整合而成）和《药理学模块实验教程》（专业课药理学实验、临床药理学实验、毒理学实验课程整合而成）。

（2）课程之间密切联系的原则。以药物研究为主线，在四个模块完成的基础上开设，是将现代的仪器分析方法和教师新的研究技术引入实验教学中。让学生从实验方法学的角度，理解新药研究全过程，即药物设计—药物合成—结构鉴定—制剂确定—质量控制—药效及安全性评价的一体化实验教学内容。实验教材是《药学综合性与设计性实验教程》。其教学目标是让学生综合应用多门实验课的方法与技能，掌握药学专业各学科的联系，建立药物研究的整体概念，培养学生发现问题、解决问题的能力。

（3）"教学与科研互动"的原则。促使"科研成果教学化，教学内容研究化"，将教师的科研成果、学科的新技术和新方法、现代实验技术与手段引入到实验教学中。开展自主研究性实验，学生在教师指导下自由选题、查阅文献、设计实验方案、实施操作过程、观察记录数据，分析归纳实验结果，撰写报告。其教学目标是使学生受到科学研究的初步训练，了解科研论文写作过程。

（4）系统性原则。按照人才培养目标和实验理论、技术自身的系统性、科学性，统筹设计了基础性实验，以此进行基本技能强化训练；再通过多学科知识完成综合性实验，为毕业实习和应用型人才就业打下良好的基础；再进一步开展设计性实验，给定题目，学生自己动手查阅文献，自行设计，独立操作，最后总结。系列实验教材内容由浅入深、循序渐进、相互联系。

（5）坚持"强实践，求创新"的原则。从学生的学习、就业特点以及综合素质培养出发，构建见习、实训和实习三大平台多样性、立体化的教学体系，以加强学生的实践能力；依托优势学科，通过开放性实验、大学生创新科技训练和毕业论文三阶段循序展开，创建学生科研实践与教学体系。

此外，为了适应时代的需求，也便于学生课外自主学习，本系列教材每本均配有数字课程，数字化资源如相关图片、视频、教学 PPT、自测题等，有助于提升教学效果，培养学生自主学习的能力。

药学实践教学创新系列教材是由总编委会进行了大量调研的基础上设计完成的。在教材编写过程中，由于时间仓促，涉及交叉学科多，药学实践教学还有一些问题值得探讨和研究，需要在实践中不断总结和发展，因此，错误和不当之处难以避免，恳请专家、同仁和读者提出宝贵意见，以便今后修改、补充和完善。

李校堃　叶发青
2014 年 2 月于温州医科大学

▶ 前言

本教材为"药学实践教学创新系列教材"之一。以药学本科专业"三三制"实践教学新体系和"厚基础、宽口径、强实践、求创新"的药学高等教育理念为宗旨编写而成，旨在提高学生自主学习、综合分析和解决较复杂问题的能力，培养学生科学思维和创新思维能力。

1953 年，Watson 和 Crick 发现生命物质 DNA 双螺旋结构。自此，开启了现代生物技术崭新的一页。1982 年，人胰岛素——第一个基因工程产品被批准用于临床治疗。现代生物技术在医药领域的应用得到了快速的发展，生物药物的品种和数量迅猛增长，已经渗透到人类疾病预防和治疗的各个领域，创造了巨大的经济效益和社会效益。

生物技术制药的飞速发展带动了对生物技术制药人才的迫切需求。生物技术制药是一门新技术、新理念不断涌现的学科，在实际工作中，理论基础知识扎实、动手实践和创新能力强的复合型人才最为欢迎。我们在生物技术制药课程长期的教学过程中，结合自身的科研实际，围绕现代生物技术制药的几大范畴——基因工程制药、细胞工程制药、酶工程制药和发酵工程制药等，基于科学性、基础性、实用性、可行性的原则，摸索出一套与生物技术制药理论教学配套的实验教材。本教材从基础性实验、综合性实验和设计性实验三个层面上设置实验内容，突出对学生动手操作能力和创新实践能力的培养。基础性实验内容包括细胞的原代和传代培养、细胞计数、细菌的生命周期、菌落形态的鉴定等内容；综合性实验内容提供了几个生物药物产品从上游到下游的整套制备流程；设计性实验在讲解实验理论的基础上，给出实验操作的范例，继而提出设计性的题目，帮助读者自主设计思考。本教材在内容编排上由浅入深，既注重基本实验操作，也注重多层次、多技术综合性和设计性实验的结合。由于多数实验持续时间较长，全部开展有一定的难度，建议可结合实际需要选做。

本书在编写过程中，不仅有自身科研成果的结晶，也参考了国内外同行、学者和专家的著述并列于参考文献中，疏漏之处请指正。

本书在编写过程中，得到温州医科大学药学院领导和同事的大力支持，也得到生物技术制药教研室的热情帮助，陈智心、施丽华、夏清海、朱琴华等在文字校对上也做了辅助性工作，还有江苏大学封云老师在书稿的统筹、编排上也做了大量的工作，在此一并致谢。

由于编写时间相对紧张，编者水平有限，本书中的不足之处在所难免，希望广大读者批评指正。

蔡　琳

2014 年 8 月

目　录

第一章　绪　　论

第二章　基础性实验

第三章　综合性实验

第四章　抗体库设计性实验

第五章　酶工程设计性实验

第六章　蛋白质表达设计性实验

第一章

绪　论

实验技能的培养与训练是生物技术制药教学的重要内容之一,其作用是使学生掌握生物技术制药实验的基本原理和技术以及操作方法,熟练应用生物技术制药实验相关仪器,提高分析和解决问题的能力。生物技术制药实验内容的安排力求与理论教学内容相协调,并与科研实践紧密结合,在实验过程中充分发挥学生的主动性和创造性,通过教师积极指导,促进学生在创新能力和综合素质方面全面提高。实验一般安排 2～3 人一组进行,在规定的时间内,由学生独立完成实验操作。在实验过程中,教师监督学生的操作,注重引导学生独立发现、分析和解决问题。

第一节　实验室操作规则

一、微生物实验室操作规程

1. 工作人员加强无菌观念,无菌操作。

2. 每日工作前用紫外线照射实验室半小时以上。

3. 入室前应穿工作服,并做好实验前的各项准备工作。

4. 实验室内应保持肃静,不准吸烟、吃东西及用手触摸面部。尽量减少室内活动,以免引起风动,无关人员禁入。

5. 非必要物品禁止带入实验室,必要资料和书籍带入后,应远离操作台。

6. 做好标本的登记、编号及试验记录。未发出报告前,请勿丢弃标本。

7. 标本处理及各项试验应在操作间进行,接种环用完后应立即火焰灭菌,沾菌吸管、玻片等用后应浸泡在消毒液内。

8. 实验时手部污染,应立即用过氧乙酸消毒或浸于 3 % 来苏儿溶液中 5～10 min,再用肥皂洗手并冲洗干净;如误入口内,应立即吐出,并用 1∶1 000 高锰酸钾溶液或 3 % 双氧水漱口,根据实际情况服用有关药物。

9. 实验过程中,如污染了实验台或地面,应用 3 % 来苏儿覆盖其上半小时,然后清洗;如污染工作服,应立即脱下,高压灭菌。

10. 使用后的载玻片、盖片、平皿、试管等用消毒液浸泡,经煮沸后清洗或丢弃。

11. 所有微生物培养物,不管标本阳性或阴性均用消毒液浸泡后,经煮沸消毒,才能清洗或丢弃。

12. 取材、最好采用一次性工具,不能采用一次性工具者,每次取材前均应彻底消毒。

13. 若出现着火情况,应沉着处理,切勿慌张,立即关闭电闸,积极灭火。易燃物品(如酒精、二甲苯、乙醚和丙酮等)必须远离火源,妥善保存。

14. 工作结束时检查电器、酒精灯等是否关闭,观察记录培养箱、冰箱温度及工作情况,用浸有消毒液的抹布将操作台擦拭干净,并将试剂、用具等放回原处,清理台面,未污染的废弃物扔进污物桶,有菌废弃物应送高压灭菌后处理。

15. 离室前工作人员应将双手用消毒液消毒,并用肥皂和清水洗净。

16. 爱护仪器设备,遵守仪器使用规范,经常清洁,注意防尘和防潮。每天观察培养箱、冰箱、干燥箱的温度,并做好记录。

二、pH 计的操作规程

1. 先校正后调值。
2. 每调一次洗一次电极。
3. 电极帽里盛装的是 3 mol/L KCl 溶液。

三、移液枪的操作规程

1. 使用完毕一定要调回最大值,因为移液枪是运用弹簧原理制作而成的,最大值时弹簧刚好处于原长。如果移液枪内的弹簧长期处于压缩状态,会导致精确度降低。
2. 做实验时,注意不要污染枪。
3. 取枪头方式,左右旋转移液枪取枪头,不是直接将移液枪笔直压下。
4. 不要连续快速的推枪,这样容易损坏移液枪。
5. 枪头不要在枪上装太久,容易对枪造成腐蚀。

四、灭菌锅的操作规程

1. 灭菌前先打开压缩空气泵,将气罐压力打至 0.6 MPa 以上,控制电磁阀的压力调至 0.5~0.6 MPa。注意:①压缩空气气压不足将导致气动元件无法正常工作和降温时压力补给不及时。②压缩空气气压不足时,会导致玻璃瓶压不进,而出现爆瓶现象。
2. 首先打开电源总开关,再用钥匙打开控制面板的电源开关,此时面板上的电源灯亮。注意:如果电机不能正常运转,检查配电箱的断路器是否跳闸。
3. 打开蒸汽手动阀门,蒸汽一般控制在 0.4~0.5 MPa 之间。
4. 检查热水罐与凉水的水位是否够用,热水温度在 75~80 ℃。注意:温差太大容易导致玻璃瓶破裂。
5. 打开热水罐与冷水罐的手动阀门,打开降温泵的排空塞,将泵体内的空气排尽,防止降温泵工作时抽空,导致降温时水位不能及时打入罐内。
6. 装入待灭菌物品后,先按下"手动"开关,再按下"压紧"开关。注意:①按下"手动"开关时,看一下其他开关是否早已无意间按下,如有按下的要复位。②按下"压紧"开关时要观察锅内的筐是否与压板相对应。
7. 关闭锅门先关闭旋转手柄再关闭密封圈充气阀,最后关闭安全连锁手柄。

五、天平操作规程

1. 使用天平前应先观察水准器中气泡是否在圆形水准器正中,如偏离中心,应调节地脚螺栓使气泡保持在水准器正中央,单盘天平(机械式)调整前面的地脚螺栓,电子天平调整后面的地脚螺栓。
2. 天平内须放置变色硅胶等干燥剂,使用前应观察变色硅胶颜色,如硅胶变色必须及时更换干燥硅胶,将吸水失效的硅胶放入烘箱内烘干恢复颜色以备以后使用。
3. 天平使用前应首先调零,电子天平使用前还应用标准砝码校准。
4. 天平门开关时动作要轻,防止震动影响天平精度和准确读数。

5. 天平称量时要将天平门关好,严禁开着天平门时读数,防止空气流动对称量结果造成影响。

6. 电子天平的去皮键使用要慎重,严禁用去皮键使天平回零。

7. 如发现天平的托盘上有污物要立即擦拭干净。天平要经常擦拭,保持洁净,擦拭天平内部时要用洁净的干布或软毛刷,如干布擦不干净可用95％乙醇擦拭。严禁用水擦拭天平内部。

8. 同一次分析应用同一台天平,避免系统误差。

9. 天平载重不得超过最大负荷。

10. 被称物应放在干燥清洁的器皿中称量,挥发性、腐蚀性物体必须放在密封加盖的容器中称量。

11. 电子天平接通电源后应预热2 h才能使用。

12. 搬动或拆装天平后要检查天平性能。

13. 称量完毕后将所用称量纸带走。

14. 称量完毕,保持天平清洁,物品按原样摆放整齐。

六、光学显微镜操作规程

1. 取镜和放置

右手紧握镜臂,左手托住镜座取出(注意:禁止单手提显微镜,防止目镜从镜筒中滑脱)。放置桌边时动作要轻。一般应在身体的前面,略偏左,镜筒向前,镜臂向后,距桌边7～10 cm处,以便观察和防止掉落。然后安放目镜和物镜。

2. 对光

用拇指和中指移动旋转器,使低倍镜对准镜台的通光孔。打开光圈,上升集光器,并将反光镜转向光源,以左眼在目镜上观察(右眼睁开),同时调节反光镜方向,直到视野内的光线均匀明亮为止。

3. 低倍镜的使用方法

(1) 放置玻片标本:取一玻片标本放在镜台上,一定使有盖玻片的一面朝上,切不可放反,用推片器弹簧夹夹住,然后旋转推片器螺旋,将所要观察的部位调到通光孔的正中。

(2) 调节焦距:以左手按逆时针方向转动粗调节器,使镜台缓慢地上升至物镜距标本片约5 mm处,要从右侧看着镜台上升,以免上升过多,造成镜头或标本片的损坏。然后,两眼同时睁开,用左眼在目镜上观察,左手顺时针方向缓慢转动粗调节器,使镜台缓慢下降,直到视野中出现清晰的物象为止。

4. 高倍镜的使用方法

(1) 选好目标:一定要先在低倍镜下把需进一步观察的部位调到中心,同时把物象调节到最清晰的程度,才能进行高倍镜的观察。

(2) 转动转换器,调换上高倍镜头,转换高倍镜时转动速度要慢,并从侧面进行观察(防止高倍镜头碰撞玻片),如高倍镜头碰到玻片,说明低倍镜的焦距没有调好,应重新操作。

(3) 调节焦距:转换好高倍镜后,用左眼在目镜上观察,此时一般能见到一个不太清楚的物象,可将细调节器的螺旋逆时针移动约 0.5～1 圈,即可获得清晰的物象(切勿用粗调节器)。

七、恒温干燥箱操作规程

1. 接通电源,打开电源开关。

2. 设置加热温度。

3. 待温度达到设置温度并无异常情况,待稳定后放入样品,开始记时至所需干燥程度。

4. 若干注意事项。

(1) 设置温度时,通常将温度设置稍低于实验温度,待温度达到设置温度后,再设置到实验温度。

(2) 新购电热恒温干燥箱应校检合格方能使用,所有电热恒温干燥箱每年由计量所校检一次。

(3) 干燥箱安装在室内干燥和水平处,禁止震动和腐蚀。

(4) 使用时注意安全用电,电源刀闸容量和电源导线容量要足够,并要有良好的接地线。

(5) 箱内放入样品时不能太密,散热板上不能放样品,以免影响热气向上流动。

八、恒温培养箱操作规程

1. 操作前准备:对箱体内清洁,消毒合格后,执行下述程序。

2. 接通电源,开启电源开关。

3. 调节调节器按钮,至调节温度档,并调节至所需温度,点击确认按钮,加热指示灯亮,培养箱进入升温状态。

4. 如温度已超过所需温度时,可将调节器按钮调至调节温度档,并调节至所需温度,待温度降至所需温度时,再调整至红灯指示灯自动熄灭点,以便能自动控制所需温度。

5. 箱内之温度应按照温度表指示为准。

九、超净工作台操作规程

1. 使用工作台时,应提前 50 min 开机,同时开启紫外杀菌灯,处理操作区内表面累积的微生物,30 min 后关闭杀菌灯(此时日光灯即开启),启动风机。

2. 对新安装的或长期未使用的工作台,使用前必需对工作台和周围环镜先用超静真空吸尘器或用不产生纤维的工具进行清洁工作,再采用药物灭菌法或紫外线灭菌法进行灭菌处理。

3. 操作区内不允许存放不必要的物品,保持工作区的洁净气流流型不受干扰。

4. 操作区内尽量避免明显扰乱气流流型的动作。

5. 操作区的使用温度不可以超过 60 ℃。

第二节 实验室规章

一、学生在进入实验室时都必须穿戴实验服,不得将危险物品、与实验无关的物品或者食品带入实验室,保持实验室环境的整洁卫生。

二、实验室负责人、指导教师,对参加实验的人员必须做好实验室规章制度的宣传教育,并细心讲解所做实验的目的、要求和注意事项,认真做好实验课考核工作。学生必须听从指导教师的指导与安排。

三、实验室工作人员以及指导实验课的教师,要做好实验前的条件准备工作,对所需仪器设备进行数量和质量的检查。使用时,必须严格遵守操作规章。

四、每位学生都应自觉遵守实验课堂纪律,不迟到、不早退,上课不得大声谈笑,有事请假。

五、实验前必须认真预习,熟悉当次实验的目的、原理、操作步骤等,了解所用仪器的构造及使用方法。实验过程中要听从带教老师的指导,认真地按照操作规程进行实验,并将实验数据和结果及时、真实地记录在实验报告纸上。完成实验后经教师检查同意,方可离开。

六、实验操作过程中应当爱护仪器,节约试剂药品,注意实验室的安全,每次实验完毕,都要做好各自操作台面的卫生和试剂试管的摆放整理工作。

七、值日生应在班级同学全部完成实验后将试剂药品、工具及公用仪器用后放到原处,检查操作台面以及地面卫生是否干净整齐。检查完毕后方可离开,并关闭实验室门窗、电灯以及仪器的电源开关。

八、对贵重仪器的使用应建立使用记录,对调试、维修、使用情况作出详细记载。

九、仪器设备损坏要报告、登记。发生事故须保护现场,及时如实地向有关部门报告,认真分析事故原因,并按照有关规定认真进行处理。

十、安全工作,文明实验。不得在实验室内吃东西,不得乱扔废纸、污物,不得在实验室内吸烟,不得向下水槽乱扔茶叶及其他废弃物。丙酮、乙醇等易燃药品要远离火源操作和放置,不能直接加热;强酸、强碱溶液必须先用水稀释后才可倒入水槽;废纸等固体废物不得倒入水槽,应倒入垃圾袋内,以免堵塞下水道。

十一、在实验室工作的全体人员,必须认真遵守本规章。

(蔡　琳、王晓杰)

第二章

基础性实验

实验一

细胞的原代培养和传代培养

（一）实验目的

1. 熟悉动物细胞原代培养和传代培养的基本操作方法。

2. 掌握培养过程中的无菌操作技术。

3. 学会观察体外培养细胞的形态及生长状态。

（二）实验原理

细胞培养是指无菌条件下，从生物体内取出组织或细胞，在体外模拟动物体内的生理条件，提供适当的温度和一定的营养条件，使之生存、生长和繁殖，并维持其结构和功能的技术。通过细胞培养，人们可以在体外直接观察细胞在增殖、分化和衰老等过程中的形态变化，便于使用各种技术和方法进行生物学功能研究。因此，它已成为现代生物学研究的重要手段，也是细胞工程最基本的技术。

1. 原代培养

直接从生物体内获取组织细胞进行首次培养称为原代细胞培养。原代培养是获取细胞，建立各种细胞系的第一步。由于组织细胞刚离体，此时的细胞保持原有细胞的基本性质，如果是正常细胞，仍然保留二倍体数，所以在一定程度上能反映生物体内的生活状态。我们通常把第一代至第十代以内的培养细胞统称为原代细胞培养。

常用的原代培养方法可分为组织块培养法和分散细胞培养法两种。前者是将剪碎的组织块直接移植在培养瓶壁上，加入培养基后进行培养。后者用酶消化处理动物组织，使之分散成单个细胞，置合适的培养基中培养，使细胞得以生存、生长和繁殖。

2. 传代培养

随着培养时间的延长，当培养的细胞增殖达到一定密度后，细胞的生长和分裂速度逐渐减慢，甚至停止，出现接触抑制现象。此时必须进行分离传代来维持细胞在体外的生长。细胞从一个培养瓶以 1∶2 或 1∶2 以上的比例转移，接种到另外的培养瓶继续进行培养，称为传代培养。

在体外不同生长类型的细胞传代方式不同。离体培养细胞的形态：①贴壁细胞：生长时必须要有给以贴附的支持物表面，细胞依靠自身分泌的或培养基中提供的贴附因子才能在该表面上生长和繁殖。见于各种实体瘤。采用酶消化法传代，常用的消化液有 0.25% 的胰蛋白酶液。②悬浮细胞：生长不依赖支持物表面，在培养液中悬浮生长，如淋巴细胞，可使用离心法传代。③半贴壁细胞：根据生长条件的不同可贴壁也可悬浮生长，如 HeLa 细胞。此类细胞部分呈现贴壁生长现象，但贴壁不牢，可用直接吹打法使细胞从瓶壁上脱落下来。

3. 细胞的生长阶段及其形态特征

传代培养的细胞需逐日进行观察，注意细胞有无污染，培养液的变化以及细胞生长的情况。一般单层培养的细胞,从培养开始,经过生长、繁殖、衰老及死亡,是一个连续的生长过程。为了观察和描述,人为地将其分为 5 个时期:①游离期:细胞接种后在培养液中呈悬浮状态,也称悬浮期。此时细胞质回缩,胞体呈圆球形。游离期一般在 10 min 至 4 h。②贴壁期:细胞附着于瓶壁上,细胞株贴壁时间平均为 10 min 至 4 h。③潜伏期:此时细胞有生长活动,而无细胞分裂。潜伏期一般为 6～24 h。④对数生长期:细胞数随时间变化成倍增长,活力最佳,最适合进行实验研究。⑤停止期:细胞长满瓶壁后虽有活力但不再分裂。

(三) 器材与试剂

超净工作台,CO_2 培养箱,普通显微镜,倒置相差显微镜,恒温水浴箱,离心机。

解剖剪,解剖镊,眼科剪,眼科镊,培养皿,25 mL 培养瓶,离心管,微量加样器,吸管,移液管,酒精灯,试管架,酒精棉球,碘酒,无菌服,口罩,帽子等。

新生乳鼠或胎鼠,HeLa 细胞或原代培养细胞。

RPMI 1640 培养液(含小牛血清和青、链霉素),磷酸盐缓冲液(PBS),0.25 % 胰蛋白酶(含 EDTA),Hanks 液,7.4 % $NaHCO_3$ 溶液,75 % 乙醇溶液。

(四) 实验步骤

1. 动物细胞的原代培养

(1) 组织块培养法

① 将新生乳鼠或胎鼠拉颈椎处死,置 75 % 酒精浸泡 2～3 s(时间不能过长、以免酒精从口和肛门浸入体内)再用碘酒消毒腹部,取胎鼠带入超净台内(或将新生小鼠在超净台内)解剖取肝脏,置平皿中。用 Hanks 液洗涤三次,并剔除脂肪、结缔组织、血液等杂物。

② 用手术剪将肝脏剪成小块(1 mm²),再用 Hanks 液洗三次,转移至无菌小青霉素瓶或表面皿中。用眼科剪将组织剪成 0.5～1 mm³ 的小块,加入 2～3 滴细胞培养液,使组织块悬浮在培养液中。

③ 用湿润的吸管分次吸取切碎的组织块,轻轻吹到培养瓶皿中,并将其按一定间距均匀放在培养瓶底壁上,量不要过多,要将组织块切面贴在培养瓶底壁上;将培养瓶翻转,使瓶底朝上,在种植了组织块一侧的对侧面加足培养液,勿使组织块与培养液接触,塞紧瓶塞,做好标记(时间,组织名称)。

④ 将种植了组织块的一侧朝上,静置于 37 ℃ 培养箱中;待组织块贴壁 1～3 h 后翻瓶,使贴壁的组织块浸没于培养液中,继续静置培养。

⑤ 每隔 2～3 天更换一次培养液,或者根据培养液颜色的变化确定换液时间。每天取出培养瓶于倒置相差显微镜下进行观察。一般从贴壁的组织块中最先迁移出来的是形态不规则的游走细胞,接着长出成纤维细胞或上皮细胞,这些细胞很少有细胞分裂。随着培养时间的延长,组织块周围形成较大的生长晕,随之细胞生长分裂加快,约 7～15 天可长成致密单层,以供细胞传代培养。

(2) 分散细胞培养法

① 将新生乳鼠或胎鼠拉颈椎处死,置 75 % 酒精浸泡 2～3 s(时间不能过长、以免酒精从口和肛门浸入体内)再用碘酒消毒腹部,取胎鼠带入超净台内(或将新生小鼠在超净台内)解剖取肝脏,置平皿中。用 Hanks 液洗涤三次,并剔除脂肪,结缔组织,血液等杂物。

② 用手术剪将肝脏剪成小块(1 mm²),再用 Hanks 液洗三次,转移至无菌小青霉素瓶

或表面皿中。

③ 视组织块量加入 5～6 倍的 0.25% 胰蛋白酶液,至 37 ℃温箱中消化 20～40 min,每隔 5 min 振荡一次(或用吸管吹打一次),使细胞分离。

④ 当组织块变得疏松时取出,在超净台中用吸管轻轻吸去消化液,加入 3～5 mL 培养液以终止胰酶消化作用。然后用吸管反复吹打,使大部分组织块分散成细胞团或单个细胞状态,静置 5～10 min,使未分散的组织块下沉,取悬液加入到离心管中。

⑤ 800～1 000 r/min,离心 5～10 min,弃上清液。加入 Hanks 液 5 mL,冲散细胞,再离心一次,弃上清液。加入培养液 1～2 mL(视细胞量),吸管轻轻吹打制成细胞悬液。

⑥ 用血球计数板计数,将细胞密度调整到 5×10^5/mL 左右,转移 1 mL 细胞悬液至 25 mL 细胞培养瓶中,再添加 4 mL 培养液,轻轻混匀后盖紧瓶塞,标上细胞名称、组号和接种日期。放置 37 ℃恒温培养箱中密闭培养。

⑦ 每天对培养的细胞进行观察,注意有无污染,培养液的颜色变化,细胞形态等。正常情况下,细胞在接种 24 h 后即可在瓶、皿底壁上贴壁生长。一般每隔 2～3 天换液一次,视培养液的澄清度而定。约 5～10 天细胞基本铺满瓶形成细胞单层,此时细胞可进行传代。

2. 细胞传代培养

(1) 贴壁生长细胞的传代培养

① 取已长成致密单层的 HeLa 细胞(或原代培养细胞),在酒精灯旁打开瓶塞,倒去培养瓶中的细胞培养液,加入 2～3 mL Hanks 液(或 PBS 等平衡盐溶液),轻轻振荡漂洗后倾去。

② 加入适量 0.25% 的胰蛋白酶液进行消化(盖满细胞面即可),室温或 37 ℃下放置 2～3 min 后,倒置相差显微镜下观察细胞单层,待细胞成片收缩,细胞间出现许多间隙时,可倒去消化液。如未出现缝隙,继续进行消化,直到出现间隙为止。

③ 加入 3 mL 新培养液(含血清)以终止消化。然后用吸管吸取培养瓶中的培养液,反复轻轻吹打瓶壁上的细胞层,直至瓶壁上的细胞全部脱落下来。继续轻轻吹打细胞悬液,使细胞分散开。随后补加培养液,按 1:2 或 1:3 分配,接种到 2～3 个培养瓶内,再向每个瓶中补加 3～5 mL 培养液。

④ 在分装好的细胞瓶上做好标识,注明细胞代号,日期,姓名,置于 CO_2 培养箱中。

⑤ 每日观察培养细胞的生长状况。

(2) 悬浮生长细胞的传代培养

① 用吸管轻轻吹打培养瓶中悬浮或半贴壁的细胞,将其吹打混匀。

② 将细胞吸入 10 mL 离心管中,800～1 000 r/min 离心 5～10 min。

③ 弃上清,加入适量新培养液,用吸管吹打混匀。

④ 按 1:2 或 1:3 分配,接种到 2～3 个培养瓶内传代培养。(后续操作同上)

(五) 注意事项

1. 实验材料要新鲜,从活体分离材料后要低温保存,并尽快进行细胞分离实验。

2. 严格的无菌操作。在培养液配制后,培养液内常加适量抗菌素,以抑制可能存在的细菌生长,通常是青霉素和链霉素联合使用。加入血清前也需过滤除菌。传代前把已经配制好的装有培养液、PBS 液和胰蛋白酶的瓶子放入 37 ℃水浴锅内预热,用酒精棉球擦拭好后方能放入超净台内。

3. 点燃酒精灯火焰不能太小。将各瓶口一一打开,同时要在酒精灯上将瓶口消毒。

4. 用酶法分离细胞时,应注意酶液的浓度和控制消化时间。当细胞生长成致密单层时,它很容易被蛋白水解酶和螯合剂(如 EDTA)所破坏。因为 EDTA 对钙、镁离子具有亲和力,而这两种离子又是保持紧密结合所必须的因素。所以一般采用胰蛋白酶和 EDTA 的混合物作为消化液。消化的时间受消化液的种类、配制时间、加入培养瓶中的量等诸多因素的影响,消化过程中应该注意培养细胞形态的变化,一旦胞质回缩,连接变松散,或有成片浮起的迹象就要立即终止消化。

5. 贴块法分离细胞时,注意动作要轻柔,不要伤到细胞组织,组织块边缘尽量平整有利于细胞游离。

6. 培养液的选择。不同的细胞有对培养液中营养的要求不同,根据所分离细胞的特性选择。

7. 原代培养的细胞首次传代时,细胞接种的数量要多一些,以使细胞尽快适应新环境,利于细胞生存和增殖。

8. 细胞传代培养后每天应对培养细胞进行观察,注意有无污染,培养液的颜色变化、细胞形态等。注意及时换液,传代,冻存。若细胞贴壁存活则称为传了一代。

（六）思考题

1. 简述培养细胞生长的条件。

2. 为什么培养细胞长成致密单层后必须进行传代培养?

3. 简述体外培养细胞的形态特征及其生长阶段。

（蔡　琳）

实验二

细胞计数

（一）实验目的

1. 了解血球计数板的构造、原理和计数方法,掌握显微镜下直接计数的技能。

2. 掌握台盼蓝染色法进行细胞存活率计算。

（二）实验原理

在细胞培养过程中,我们需要通过细胞计数来确定细胞接种的密度和数量,进而了解细胞存活率和增殖度。当待测细胞悬液中细胞均匀分布时,通过测定一定体积悬液中的细胞的数目,即可换算出每毫升细胞悬液中的细胞数目。细胞计数一般使用血球计数板,根据计数板中已知体积内的细胞数,来推算出每毫升细胞悬液中的细胞数。

1. 血球计数板计数原理

血球计数板是一块特制的厚型载玻片,载玻片上有四个槽构成三个平台(图 2–1)。中间的平台较宽,其中间又被一短横槽分隔成两半,每个半边上面各刻有一小方格网,每个方格网共分 9 个大格,中央的一大格作为计数用,称为计数区(图 2–2)。计数区的刻度有两种:一种是计数区分为 16 个大方格(大方格用三线隔开),而每个大方格又分成 25 个小方格;另一种是一个计数区分成 25 个大方格(大方格之间用双线分开),而每个大方格又分成 16 个小方格。但是不论计数区是哪一种构造,它们都有一个共同特点,即计数区都由 400 个小方格组成。计数区边长为 1 mm,则计数区的面积为 1 mm²,每个小方格的面积为 1/400 mm²。盖上盖玻片后,计数区的高度为 0.1 mm,所以每个计数区的体积为 0.1 mm³,每个小方格的体积为 1/4 000 mm³。使用血球计数板计数时,先要测定每个小方格中细胞数量,再换算成每毫升悬液中细胞的数量。

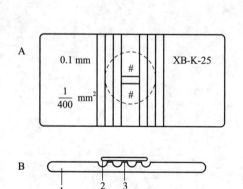

图 2–1　计数板的构造示意图

A. 正面图;B. 纵切面图。

1. 血细胞计数板;2. 盖玻片;3. 计数室

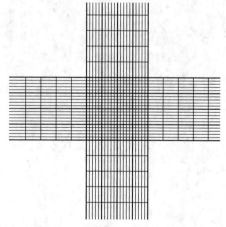

图 2–2　血球计数板的分区和分格

2. 台盼蓝染色原理

细胞损伤或死亡时,台盼蓝可穿透变性的细胞膜,与解体的 DNA 结合,使其着色。而活细胞细胞膜有选择通透性,能阻止染料进入细胞内。通过显微镜很容易就能识别出死亡的被台盼蓝染色的细胞,并可使用细胞计数板进行计数。在细胞培养过程中,我们常使用活体染料台盼蓝对细胞进行染色,以区分悬液中死细胞与活细胞的比率,便于了解细胞的生活状况。

（三）器材与试剂

血球计数板,盖玻片(22 mm×22 mm),显微镜,无菌滴管(或微量加样器),吸水纸,擦拭巾等。

培养细胞悬液,0.4% 台盼蓝。

（四）实验步骤

1. 准备工作

(1) 取一瓶传代的细胞,待长成单层后以备使用。

(2) 用 0.25% 的胰蛋白酶液消化、PBS 液洗涤后,加入培养液(或 Hanks 液或 PBS 等平衡盐溶液),吹打制成待测细胞悬液。

2. 细胞计数

(1) 用无水乙醇或 95% 乙醇溶液冲洗计数板和盖玻片并将其擦拭干净;然后将盖玻片覆盖在计数板的凹槽区域上。

(2) 用无菌吸管吸 5 滴细胞悬液(或用微量加样器吸取 0.5 mL 细胞悬液)到一离心管中(无菌操作),再加入 5 滴(或 0.5 mL)0.4% 台盼蓝染液,用吸管轻轻打匀,染色 1～2 min。活细胞不会被染色,加入染液后就可以在显微镜下区别活细胞和死细胞。

(3) 将细胞悬液吹均匀,吸出少许滴加在盖片边缘,使悬液充满盖片和计数板之间,稍候片刻,将计数板放在低倍镜下(10×10)观察计数。注意盖片下不要有气泡,也不能让悬液流入旁边槽中。

(4) 计算板四大格细胞总数(每个大方格又分 16 个小方格),压线细胞的计数原则是:数上不数下,数左不数右。然后按公式计算:

细胞数/mL = 四大格细胞总数/($4×10^4$)

说明:公式中除以 4,因为计数了 4 个大格的细胞数。

公式中乘以 10^4 因为计数板中每一个大格的体积为:

1.0 mm(长) × 1.0 mm(宽) × 0.1 mm(高) = 0.1 mm³ = $1×10^4$ mL

(5) 若是滴一滴染色后的细胞悬液于计数板上,计数每 mL 细胞悬液中细胞总数和死亡的被染上色的细胞数。由于在细胞悬液中加了等量的台盼蓝染液,所以计算出的细胞数要再乘以 2(稀释倍数)才是正确的死细胞数。

$$细胞存活率 = (细胞总数 - 死亡数)/细胞总数 × 100\%$$

（五）注意事项

1. 细胞计数时悬液中细胞数目应不低于 10^4 个/mL。如果细胞数目很少,可离心后再悬浮于少量培养液中。

2. 在细胞传代过程中,要用无菌吸管吸取细胞,滴加细胞后该吸管不能再用,以免造成细菌污染。

3. 细胞悬液中的细胞应分散良好。若细胞团占 10 % 以上,说明分散不好,需重新制备细胞悬液,否则影响计数准确性。

4. 计数时只计数完整的细胞,若细胞聚集成团时则按照单个细胞计算。在一个大方格中,如果有细胞压线上,一般计上线细胞不计下线细胞,计左线细胞不计右线细胞(数上不数下,数左不数右)。两次重复计算误差不应超过 ±5 % 。

5. 操作过程中,一旦细胞悬液溢出凹槽外或有气泡,要重做。

（六）思考题

1. 用血球计数板在显微镜下直接计数有何优缺点?

2. 在细胞计数时,为什么要防止液体流到旁边的凹槽中以及要避免气泡的产生?

3. 计算并报告所测样品每毫升细胞悬液中的细胞数以及细胞存活率。

（蔡 琳、王晓杰）

实验三
土壤中四大类微生物分离纯化与菌落形态的识别

（一）实验目的

1. 正确使用微生物学实验室中常用的接种工具和各种接种技术。
2. 了解培养细菌、放线菌、酵母菌及霉菌等四大类微生物的培养条件和培养时间。
3. 掌握获得微生物纯培养物的分离方法。
4. 掌握酵母菌、细菌的活菌计数方法。
5. 了解四类常见微生物的基本形态特征。

（二）实验原理

微生物的种类繁多，形态多样，应用广泛。根据微生物的主要形态可分为细菌、放线菌、酵母菌和霉菌四大类。要识别它们，除用显微镜观察其细胞形态（个体形态）外，更为简便的方法是直接用肉眼观察其菌落形态（群体形态）。因此，掌握识别四大类微生物菌落形态的要点对于从事菌种的筛选、杂菌的识别和菌种鉴定等各项工作都有重要的意义。

菌落特征往往还受培养基成分、培养条件、培养时间（幼龄菌落和成熟菌落的差别）以及菌落在平板上分布的疏密等因素影响，给四大类菌落形态的识别带来了一些困难，况且在自然条件下各类微生物还存在有过渡类型，所以对于一些难以区别的菌落还应借助显微镜来观察其细胞形态，以进一步作出正确的判断。

菌种分离与纯化一般包括采集菌样、富集培养、纯种分离和性能测定等四个步骤。采集菌样首先要依据欲筛选的微生物生态分布情况来选择采集地点。由于在土壤中几乎可以找到任何微生物，所以土壤往往是首选的采集目标。富集培养，又称增殖培养，就是利用选择性培养基的原理，限制不需要的微生物的生长，使所需的微生物大量繁殖。纯种分离的方法有：稀释平板分离法、平板涂布法、划线分离法、单细胞培养法等。通过纯种分离掌握微生物的接种和分离技术，在整个试验中无菌操作技术是微生物实验成功的前提，需要严格掌握。

（三）器材与试剂

普通细菌培养箱，霉菌培养箱。

培养皿（20 只），接种针，接种环，试管（8 支），移液管（8 支），酒精灯，涂布棒，250 mL 锥形瓶，玻璃珠（50~60 颗）。

培养基有关试剂及其配制方法如下。

（1）马丁琼脂培养基　葡萄糖 1.0 g，蛋白胨 0.5 g，$K_3PO_4 \cdot 3H_2O$ 0.1 g，$MgSO_4 \cdot 7H_2O$ 0.05 g，孟加拉红（1 mg/mL）0.33 mL，琼脂 1.5~2 g，水 100 mL，自然 pH。

（2）高氏合成 I 号琼脂培养基　可溶性淀粉 2.0 g，KNO_3 0.1 g，$K_3PO_4 \cdot 3H_2O$ 0.05 g，

NaCl 0.05 g，MgSO$_4$·7H$_2$O 0.05 g，FeSO$_4$·7H$_2$O 0.01 g，琼脂 1.5~2 g，水 100 mL，pH 7.2~7.4。

（3）马铃薯葡萄糖培养基（PDA）　马铃薯浸液（20%）100 mL，琼脂 1.5~2 g，葡萄糖 2 g，自然 pH。

配制方法：将马铃薯去皮，切成小块，放入 200 mL 的烧杯中煮沸 30 min，注意用玻棒搅拌以防糊底，然后用双层纱布过滤，得到的滤液加葡萄糖，补足体积至 100 mL，自然 pH。

（4）肉膏蛋白胨培养基　蛋白胨 1.0 g，NaCl 0.5 g，牛肉膏 0.5 g，水 100 mL，pH 7.2~7.4。

固体培养基再加入 1.5%~2% 琼脂。

（5）链霉素　标准链霉素制品为 1×10^7 U/瓶，先准备多支 20 mL 无菌水，在无菌条件下反复用无菌水溶解、转移将瓶中的链霉素最终溶液为 5×10^4 U/mL，临用时每 1 000 mL 培养基加 1 mL 即可。

（6）15% 酚液

（7）无菌水

（8）土壤菌样标本装在灭菌的广口瓶内

（四）实验步骤

1. 制备土壤稀释液

（1）土壤的采集　采集离地面 5~20 cm 处的土壤数十克，盛入事先灭菌的广口瓶内，置于 4 ℃ 冰箱中，待分离。

（2）制备土壤悬液　称取土壤 1 g，经无菌操作，迅速倒入一个带玻璃珠并盛有 99 mL 无菌水的锥形瓶中，振荡 10~20 min，制成 10^{-2} 的土壤悬液。

（3）制备土壤稀释液　利用 10 倍稀释法来制备土壤稀释液：用无菌移液管吸取 0.5 mL 10^{-2} 的土壤悬液，放入装有 4.5 mL 无菌水的试管中，即得 10^{-3} 的土壤悬液；依此类推，可得系列稀释度的土壤悬液。

2. 分离霉菌（稀释平板倾注法）

取 4 个无菌培养皿，将 10^{-2}、10^{-3} 的土壤悬液各取 1 mL，接入平皿中，每个稀释度接 2 个平皿，做好标记。再将熔化并冷却至约 50 ℃ 的马丁琼脂培养基（为了抑制细菌的生长，加入终浓度为 50 U/mL 的链霉素）倾入平皿中，立即将平皿轻轻的作旋转晃动，使菌液与培养基充分混匀，平置待凝固。最后将平板倒置于 30 ℃ 的霉菌培养箱中，培养 3~5 d，观察结果。

3. 分离放线菌（稀释平板倾注法）

取 4 个无菌培养皿，将 10^{-4}、10^{-5} 的土壤悬液，每管加入 15% 酚液 4~5 滴（以抑制细菌和霉菌的生长），摇匀后各取 1 mL 土壤稀释液，接入平皿中，每个稀释度接 2 个平皿，做好标记。再将熔化并冷却至约 50 ℃ 的高氏合成 I 号琼脂培养基倾入平皿中，立即将平皿轻轻的作旋转晃动，使菌液与培养基充分混匀，平置待凝固。最后将平板倒置于 30 ℃ 的霉菌培养箱中，培养 5~7 d，观察结果。

4. 细菌和酵母菌的活菌计数

（1）分离细菌（稀释平板倾注法）　取 4 个无菌培养皿，将 10^{-6}、10^{-7} 的土壤悬液各取

1 mL, 接入平皿中, 每个稀释度接 2 个平皿, 做好标记。再将熔化并冷却至约 50 ℃的肉膏蛋白胨琼脂培养基倾入平皿中, 立即将平皿轻轻的作旋转晃动, 使菌液与培养基充分混匀, 平置待凝固。最后将平板倒置于 35 ℃的普通细菌培养箱中, 培养 1～2 d, 观察结果。

（2）分离酵母菌（稀释平板涂布法） 取 4 个无菌培养皿, 将熔化并冷却至约 50 ℃的马铃薯葡萄糖培养基倾入平皿中, 平置待凝固。将 10^{-4}、10^{-5} 的土壤悬液各取 0.1 mL, 接入平皿中, 每个稀释度接 2 个平皿, 做好标记。用无菌玻璃涂棒将菌液自平板中央均匀向四周涂布扩散, 平置待完全吸收。最后将平板倒置于 35 ℃的普通细菌培养箱中, 培养 2～3 d, 观察结果。

（五）实验结果

菌落是指由某一微生物的少数细胞或孢子在固体培养基表面繁殖后形成的子细胞群体。所以, 菌落形态在一定程度上是个体细胞形态和结构在宏观上的反映。由于每一大类微生物都有其独特的细胞形态, 因而呈现其菌落形态特征也各异。在四大类微生物的菌落中, 细菌和酵母菌形态较为接近, 放线菌和霉菌形态较为相似。

1. 细菌和酵母菌的异同

细菌和多数酵母菌都是单细胞微生物, 菌落中各细胞间都充满毛细管水、养料和某些代谢产物。因此, 细菌和酵母菌的菌落形态具有类似的特征, 比如湿润、较光滑、较透明、易挑起、菌落正反面及边缘、中央部位的颜色一致, 且菌落质地较均匀等。它们之间的区别如下。

（1）细菌 由于细胞小, 故形成的菌落也绞小、较薄、较透明且有"细腻"感。不同的细菌会产生不同的色素, 因此常会出现五颜六色的菌落。此外有些细菌具有特殊的细胞结构, 因此在菌落形态上的反映也有所不同。比如无鞭毛不能运动的细菌其菌落外形较小因而凸起; 有鞭毛能运动的细菌则菌落往往大而扁平, 周缘不整齐。有些运动能力特强的细菌则出现更大、更扁平的菌落, 边缘从不规则、缺块状直至出现迁移性的菌落, 例如变形杆菌属的菌种。具有荚膜的细菌其菌落会更粘稠、光滑和透明。荚膜较厚的细菌其菌落甚至呈透明的水珠状。有芽孢的细菌常因其折光率和其他原因而使菌落呈粗糙、不透明、多皱褶等特征。细菌还常常因分解含氮类有机物而产生臭味, 这也有助于菌落的识别。

（2）酵母菌 由于细胞较大（直径比细菌约大 10 倍）且不能运动, 故其菌落一般比细菌大、厚而且透明度较差。酵母菌产生色素较为单一, 通常呈矿蜡色, 少数为橙红色, 个别为黑色。但也有例外, 如假丝酵母因形成藕节状的假菌丝, 故细胞易向外圈蔓延造成菌落大而扁平且边缘不整齐等特有形态。酵母菌因普遍能发酵含碳有机物而产生醇类, 故其菌落常伴有酒香味。

2. 放线菌和霉菌的异同

放线菌和霉菌的细胞都是丝状的, 生长于固体培养基上时有营养菌丝（或基内菌丝）和气生菌丝的分化。气生菌丝向空间生长, 菌丝之间无毛细管水, 因此菌落外观呈干燥、不透明的丝状、绒毛状或皮革状等特征。由于营养菌丝则伸入培养基中使菌落和培养基连接紧密, 故菌丝不易被挑起。由于气生菌丝、孢子和营养菌丝颜色不同, 所以常使菌落正反面呈不同的颜色。丝状菌是以菌丝顶端延长的方式进行生长的, 越近菌落中心的气生菌丝其生理年龄越大, 也越早分化出子实器官或分生孢子, 从而反映在菌落颜色上的变化。一般情况下,菌落中心的颜色常比边缘深。有些菌的营养菌丝还会分泌水溶性色素并扩散到培养基中而使培养基变色。有些菌的气生菌丝在生长后期还会分泌液滴,因此,在菌落上出现"水珠"。它们之间的区别如下。

(1) 放线菌 放线菌属原核生物,其菌丝纤细,生长较慢,气生菌丝生长后期逐渐分化出孢子丝,形成大量的孢子,因此菌落较小,表面呈紧密的细绒状或粉状等特征。由于菌丝伸入培养基中常使菌落边缘的培养基呈凹陷状。不少放线菌还产生特殊的土腥味或冰片味。

(2) 霉菌 霉菌属真核生物,它们的菌丝一般较放线菌粗(几倍)且长(几倍至几十倍),其生长速度比放线菌快,故菌落大而疏松或大而紧密。由于气生菌丝会形成一定形状、构造和色泽的子实器官,所以菌落表面往往有肉眼可见的构造和颜色。

四大微生物菌落的基本特征见附录一。

（六）思考题

1. 如何从平板菌落的形态、与基质结合的紧密程度等来区分细菌、放线菌、酵母菌及霉菌?

2. 微生物移种有哪些方式?

（曾爱兵）

实验四

菌种保藏

（一）实验目的
1. 了解常用几种的菌种简易保藏法原理。
2. 掌握几种常用菌种简易保藏法及其优缺点。

（二）实验原理

微生物菌种的来源很广。大体上说，一类是从各种自然条件中分离的原始菌种，另一类是人工选育的优良选育种或用基因重组技术得来的重组菌，这些都是重要的微生物资源。微生物的生长周期短、易于工业生产，但是容易变异。人为的不断传代容易引起遗传变异，从而带来不必要的损失。菌种保藏（preservation of microorganism）的目的非常明确，在基础研究工作中，同一菌种在不同的时间，都应获得重复的实验结果。对于有经济价值的生产菌株，要求保持其高产的性能；对于重组菌，要求保持菌株本身遗传特性的稳定性尤显重要。微生物菌种保藏技术，使得从自然界直接分离的野生型菌株以及经人工方法选育出来的优良变异菌株被保藏后不死亡、不变异、不被杂菌污染，并且稳定保持其优良性状，以利于生产和科研使用。

由于菌种的变异主要发生于微生物旺盛生长繁殖过程，所以菌种保藏的原理是使微生物的新陈代谢处于最低水平或相对静止的状态，从而使得在一定的时间内菌种不发生变异并保持相应活力。低温、干燥、隔绝空气、低营养甚至无营养和添加保护剂是使微生物代谢能力降低或休眠的重要方法，因此大多数的菌种保藏都是根据上述五种原理设计的。

常用的简易菌种保藏法主要有以下几大类。①斜面低温保藏法，该方法为实验室和工厂菌种室常用的保藏法；主要措施是低温，适用于保藏各大类菌种，保藏期限是 3~6 个月，优点是操作方便，缺点是保藏时间短，菌种经多次转接之后，容易发生变异。②半固体穿刺保藏法，主要措施是低温，适用于保藏细菌和酵母，保藏期限是 6~12 个月，优点是操作简单易行，缺点是保藏时间较短，使用范围较窄。③液体石蜡保藏法，主要措施是低温和隔绝空气，适用于保藏各大类菌种，保藏期限是 1~2 年，优点是操作方便，不需特殊设备，也不需经常移种，缺点是保存时必须直立放置，不方便携带。④砂土管保藏法，主要措施是干燥和缺乏营养，适用于产孢子微生物，保藏期限是 1~10 年，优点是保藏期较长，对于产孢微生物保藏效果好，在抗生素工业生产中应用最广，缺点是对于营养细胞的保藏效果不佳。⑤含甘油培养物保藏法，主要措施是超低温和利用作为保护剂的甘油渗入细胞后，强烈降低细胞的脱水作用，适用于在基因工程中保存含质粒载体的大肠杆菌，保藏期限为 0.5~1 年，优点是操作简便，缺点是需要 -30 ℃ 或 -70 ℃ 冷冻冰箱。⑥冷冻真空干燥法，主要措施是低温、缺乏营养、干燥和添加保护剂，适用于保藏各大类菌种，保藏期限是 5~15 年，优点是保藏期限长达数年乃至几十年，并且保藏效果好，缺点是保存操作繁琐，设备昂贵。

（三）器材与试剂

高压蒸汽灭菌器,真空冷冻干燥机。

无菌试管(12支),无菌移液管(2支),1 mL无菌的枪头,1 mL移液枪,接种环、接种针,40目及100目筛子,干燥器,安瓿管(2~3个),酒精灯。

试剂

待保藏的菌种,无菌液体石蜡,无菌甘油,五氧化二磷或无水氯化钙,黄土、河沙等。

适于培养待保藏菌种的各种斜面培养基,适于培养待保藏菌种的各种半固体深层培养基,LB培养基,脱脂牛奶,2%HCl。

（四）实验步骤

下列方法可根据实验室的具体条件与需要选做。

1. 斜面低温保藏法

（1）接种 将不同菌种无菌操作接种在适宜的固体斜面培养基上。在距试管口2~3 cm处,试管斜面的正上方贴上标签,注明菌株名称和接种日期。

（2）培养 在菌株相应适宜的温度下培养,使其充分生长。如果是有芽孢的细菌或生孢子的放线菌及霉菌等,都要等到孢子生成后再行保存。

（3）保藏 将斜面管口端用油纸包扎好,移至2~8℃冰箱中进行保藏。

（4）移种 保藏时间依微生物的种类不同而不同,到期后需另行转接至新配的培养基上,经适当培养鉴定后,再行保藏。不产芽孢的细菌最好1个月移种1次;酵母菌2个月移种1次;而有芽孢的细菌、霉菌、放线菌可延长到2~4个月,然后再进行移种。

2. 半固体穿刺保藏法

（1）接种 先制备半固体培养基,盛入小试管或带螺口的穿刺培养小瓶内,高度约为总高度的2/3,高压灭菌后备用。可用针形接种针挑取分离良好的单菌落,刺入培养基的1/2处。盖上塞子或旋紧瓶盖,做好标记。

（2）培养 在适宜的温度下培养,培养后的微生物在穿刺处或琼脂表面均可生长。

（3）保藏 将培养好的菌种直立置于2~8℃冰箱中保藏。

（4）移种 一般在保藏半年或一年后,需进行移种。使菌种转接到新鲜的半固体培养基中,依据上述步骤进行保藏。

3. 液体石蜡保藏法

（1）液体石蜡灭菌 将液体石蜡(亦称石蜡油)分装后,高压蒸汽灭菌,121℃灭菌30 min。保险起见,可进行二次灭菌。灭菌后要将液体石蜡中的水分除去,通常的办法是在40℃温箱中放置两个星期或置于105~110℃的烘箱内约1 h。

（2）接种和培养 将需要保藏的菌种接种至适宜的斜面或半固体培养基上,使生长良好。

（3）加液体石蜡 用无菌吸管吸取已灭菌的液体石蜡,注入到已长好菌的斜面上,液体石蜡的用量以高出斜面顶端1 cm左右为准,使菌种与空气隔绝。

（4）保藏 将已注入液体石蜡的斜面试管管口用牛皮纸包好,直立置于2~8℃冰箱保存。在保藏期间如果发现液体石蜡减少应及时补充。

（5）移种 到保藏期后,需将菌种转接至新的斜面培养基上,并通过适当培养鉴定后再依据上述步骤进行保藏。值得注意的是从液体石蜡覆盖层下移种时,接种环在火焰上灼烧时应置酒精灯火内焰,否则温度过高菌体会随着液蜡四溅,如果培养物是病原体时,应予以特别注意。另外,第一代的培养物会因复苏时间还有液蜡的残余而导致生长缓慢且有黏性,通常进行第二次转接才适合于菌种保藏。

4. 含甘油培养物保藏法

(1)甘油灭菌 用去离子水把甘油稀释至 60 %,分装后,加塞外包牛皮纸,高压蒸汽灭菌,121 ℃灭菌 20 min。

(2)接种与培养 将需要保藏的菌种接种至适宜的液体培养基上,过夜活化;以 1 %的接种量转接到新鲜的液体培养基中,使生长良好,达到对数生长期,一般需要 4~6 h。

(3)培养物与灭菌甘油混合 在 1.5 mL 培养物中加 0.5 mL 灭菌的 60 % 甘油,用涡旋器混合,使培养物与甘油充分混合。然后将含甘油的培养液置于乙醇 – 干冰或液氮中速冻。

(4)保藏 将已冰冻含甘油培养物置于 −70 ℃(或 −20 ℃)冰箱中保存。

(5)转接 菌种复苏时,用接种环刮拭冻结的培养物表面,立即将黏附在接种环上的细菌划在 LB 琼脂平板表面或先经液体培养基增殖后接种在 LB 琼脂平板上,37 ℃培养过夜。冻结的培养物放回原处保藏。

5. 沙土管保藏法

(1)制备无菌沙土管

① 处理河沙:取河沙若干,用 40 目筛子过筛后加 10 % 的 HCl 溶液浸泡(浸没沙面即可),以除去有机杂质,约浸 2~4 h。倒去盐酸,用自来水冲洗至中性,烘干。

② 筛土:去非耕作层瘦黄土或红土(不含腐殖质)若干,加自来水浸泡洗涤多次至中性,烘干,磨细,用 100 目筛子过筛。

③ 混合沙和土:取 1 份土与 4 份沙混合均匀,装入小试管中(10 mm × 100 mm)。装入高度达 1 cm 即可,塞上棉塞。

④ 灭菌:高压蒸汽灭菌,121 ℃灭菌 30 min。每天 1 次,连续 3 d。

⑤ 抽样进行无菌检查:取灭菌后的沙土少许,接入肉汤培养基中,37 ℃培养 48 h,如有杂菌生长,则需重新灭菌。

(2)制备菌悬液 选择有芽孢的细菌或有孢子的菌种,等产生孢子或芽孢后,吸取 3~5 mL 无菌水至已培养好待保藏的菌种斜面上,用接种环轻轻搅动培养物,使成菌悬液。

(3)加样和干燥 用无菌吸管吸取菌悬液,在每支沙土管中滴加 0.5 mL 菌悬液(大体上目测沙土刚润湿即可),用接种针拌匀,塞上沙土管棉塞。小试管放入真空干燥器或在干燥器中加五氧化二磷或无水氯化钙用于吸水,然后用真空泵抽干水分,通常不应超过 12 h。

(4)抽样检查 每 10 支抽干的沙土管从中抽取 1 支进行检查。用接种环取少许沙土,接种到适合于所保藏菌种生长的斜面上培养。观察生长情况及有无杂菌生长。

(5)保藏及复苏 若经检查没有发现问题,可存放于冰箱或室内干燥处进行保藏,也可将管口烧熔再置于冰箱中保存。恢复培养时,只需将少量的沙土倾撒在斜面上培养,等生长良好后再移种 1 次就可以使用。

6. 冷冻真空干燥法

(1)准备安瓿管和无菌脱脂牛奶 安瓿管一般用中性硬质玻璃制成,为长颈、球形底的小玻璃管。先用3%~5%HCl浸泡过夜,然后用自来水冲洗至中性,分别用自来水和去离子水各冲3次,烘干备用。高压蒸汽灭菌,121℃灭菌30 min。将脱脂牛奶配成40%的乳液,121℃灭菌30 min,并作无菌检验。

（2）制备菌悬液

① 培养菌种斜面:作为长期保藏的菌种,须用最适培养基在最适温度下培养菌种斜面,以便获得良好的培养物。培养时间应掌握在培养稳定期后,这是由于对数生长期的细菌对冷冻干燥的抵抗力较弱,如能形成芽孢或孢子进行保藏最好。一般来说,细菌可培养24~48 h,酵母菌培养72 h左右,放线菌与霉菌则可培养7~10 d。

② 制备菌悬液:吸取1~2ml已灭菌的脱脂牛奶至待保藏已培养好的新鲜菌种斜面中,轻轻刮下菌苔或孢子(操作时注意尽量不带入培养基),制成悬菌液,浓度以10^9~10^{10}个/mL为宜。

③ 分装悬菌液:用无菌长滴管吸取0.1~0.2 mL的悬菌液,通常加入3~4滴即可,要滴加在安瓿瓶内的底部,不要使菌悬液粘在管壁上。

（3）冷空真空干燥操作步骤

① 预冻:装入悬菌液的安瓿瓶应立即冷冻。直接放在低温冰箱中(-30℃以下)或放在干冰无水乙醇浴中进行预冻。

② 真空干燥:将装有已冻结悬菌液的安瓿瓶置于真空干燥箱中,真空干燥。并应在开动真空泵后15 min内,使真空度达到66.7 Pa。当真空度达到26.7~13.3 Pa后,维持6~8 h,样品可被干燥,干燥后样品呈白色疏松状态。

③ 熔封安瓿瓶:熔封必须在第二次抽真空情况下,当真空度达到26.7 Pa时,继续抽气数分钟,再用火焰在棉塞下部安瓿管细颈处烧熔封口。

④ 保藏:将封口带菌安瓿管置于低温冰箱(-30℃以下)中或室温保存。

⑤ 安瓿管的启封:先用75%乙醇擦拭安瓿管,待乙醇挥发后在无菌条件下于火焰上加热稍歇使熔封口发烫立即加上1~2滴无菌蒸馏水,玻璃管可产生裂缝,接着轻轻敲击即可断落。加少量的最适培养液使管内粉末溶解,即可接着在斜面或液体培养基中。注意不要让烧烫的熔封口烫到手,也不能加热时间太短而滴加无菌水后不能使安瓿管玻璃裂开。

7. 平板划线法分离微生物

混合菌悬液或当菌种不纯时通常用平板划线法进行纯种分离。

（1）制备平板 无菌操作,在火焰旁将熔化并冷却至约50℃的琼脂培养基倾入平皿中,平置待凝固。

（2）划线分离

① 连续划线法:将接种环灭菌后,从待纯化的菌落或菌液沾取少许菌种,点种在平板边缘处,再将接种环灭菌,以杀死过多的菌体,然后从涂有菌的部位在平板上做往返平行划线。注意划动要利用手腕力量在平板表面轻轻滑动,不要将培养基划破,所划线条平行密集而不重叠。连续划线分离法及培养后菌落分布示意图见图2-3。

② 分区划线法:分区划线法划线时一般将平板分为4个区,故也称四分区划线法。将接种环灭菌后,从待纯化的菌落或菌液沾取少许菌种,在平板上的第1区做往返平行划线。将接种环灭菌后,从1区将菌划出至第2区,做往返平行划线。接种环再次灭菌,从第2区

划出至第3区。依此类推,从第3区划出至第4区。平板分区划线法及培养后菌落分布示意图见图2-4。

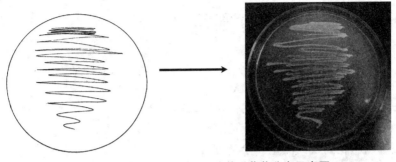

图2-3 连续划线分离法及培养后菌落分布示意图

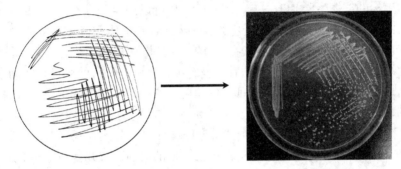

图2-4 平板分区划线法及培养后菌落分布示意图

③ 培养:将平板倒置于培养箱中适宜温度培养一定时间,观察结果。

(3) 将分离纯化菌株进行斜面培养基接种、液体培养基接种和穿刺接种

① 斜面培养基接种。将接种环灭菌后,从待纯化的菌落或菌液沾取少许菌种,然后轻轻在新鲜斜面上以"之"字形从斜面的下部划至上部,注意不要划破培养基。

② 液体培养基接种。将接种环灭菌后,从待纯化的菌落或菌液沾取少许菌种,液体培养基斜放,将菌液涂于液面处管壁上,使得当试管直立以后菌种就在液体中。

③ 穿刺接种。先制备半固体培养基,盛入小试管或带螺口的穿刺培养小瓶内,高度约为总高度的1/3,高压灭菌后备用。可用针形接种针挑取分离良好的单菌落,刺入培养基总高度的1/2处,接种针沿原路抽出。盖上塞子或旋紧瓶盖,做好标记,进行培养。

(五) 思考题

1. 菌种保藏的一般原理是什么?

2. 实验室最常用哪一种既简单又方便的方法保藏细菌?

3. 试比较各种菌种保藏方法的优缺点。

(曾爱兵)

实验五

细菌生长曲线的测定

（一）实验目的

1. 学习用比浊法测定大肠杆菌的生长曲线的方法。
2. 掌握细菌生长曲线的特点和测定原理。
3. 掌握细菌生长曲线的测定和绘制方法。

（二）实验原理

任何微生物的群体生长均有一定的生长规律,可以用生长曲线(growth curve)来加以说明。生长曲线是指把一定数量的微生物菌种接种到一定体积液体培养基中经适宜的环境条件培养后,以菌悬液的 OD 值(或微生物数量的对数值)为纵坐标,以培养时间为横坐标获得的曲线,以表示微生物在新的适宜环境中生长繁殖至死亡的全过程的动态变化。生长速率是指单位时间内细胞增长密度加倍的速度。依据生长速率的不同,可以把生长曲线分为延迟期、对数生长期、稳定期和衰亡期。延迟期是以适应新环境营养变化为基础的代谢表现活跃但分裂缓慢;对数生长期个体代谢旺盛而且分裂迅速;稳定期的活菌数保持稳定、菌体内的代谢物和贮藏物累积达到高峰;衰亡期的活菌数按几何级数急剧减少,呈现对数死亡现象。因此,测定微生物的生长曲线,在科学研究和工农业生产均具有重要意义。

本实验使用的菌种是大肠杆菌。大肠杆菌是微生物科研和教学当中使用最常见的菌种,营养要求不高并具有生长周期短的特点。在一定培养时间内菌液的浓度跟 OD 值呈一定线性关系。因此,将不同时间测得的增菌液 OD 值与相应的培养时间作图,可绘出该菌的生长曲线。

（三）器材与试剂

分光光度计(722 型),全温振荡培养箱。

试管(36 支),加样枪,无菌枪头,酒精灯。

大肠杆菌菌悬液(已增殖至对数生长期),LB 培养基。

（四）实验步骤

1. 将大肠杆菌接种到 5 mL LB 液体培养基中,37 ℃振荡培养过夜(约 16 h),这时菌液菌量大致可达 $10^{9\sim10}$ CFU/mL。取 50 μL 菌悬液加到另一支 5 mL LB 液体培养基将其稀释 100 倍。

2. 将 2 个稀释度的菌液以 1 ％的接种量接种到 5 mL 新鲜 LB 培养基中,每组 15 支试管,37 ℃振荡培养。在第 0、1、2、2.5、3、3.5、4、4.5、5、6、7、8、10、12、14 h,分别取 1 支试管,在分光光度计上测定 OD_{600},记录测定的吸光度值。在分光光度计的测定中每次均要用未接种的培养液来校正调零。若菌液太浓,则须适当稀释再进行测量。

（五）实验结果

以 OD_{600} 为纵坐标,培养时间为横坐标,在正方格纸上绘制出两条细菌生长曲线。

（六）思考题

1. 试想一下细菌生长曲线测定方法除了比浊法，还有什么方法？
2. 测定微生物生长曲线有哪些意义？

（曾爱兵）

实验六

GST 融合蛋白的制备

（一）实验目的

1. 熟悉 IPTG 诱导蛋白表达的原理；掌握 GST 融合蛋白制备的过程。
2. 学会使用亲和层析柱分离纯化蛋白。
3. 学会用酶分析法测定蛋白。

（二）实验原理

GST 作为重组蛋白质的合成工具，在细菌中得到了广泛的使用。GST 具有作为融合基因的独特优点：首先，无论是在细菌中单独表达，或是作为融合表达，GST 不存在于包涵体中（与其它融合表达系统的区别）。其次，因其结合于固定化谷胱甘肽，亲和纯化时不易变性。因此，GST 融合蛋白经常被用于抗体的生产和纯化，蛋白质与蛋白质之间相互作用机制的研究，以及生化分析中。

本实验欲设计 IPTG - 诱导的细菌表达载体。最常用的载体，例如购自 Amersham Pharmacia 公司的 GST 融合蛋白表达载体，包括含多克隆位点的 *GST* 基团编码序列，IPTG - 诱导型启动子，氨苄青霉素抗性基因，用于表达调控的 *lacI* 基因，和细菌复制起点。可选用的菌株有很多，包括用于蛋白酶缺陷菌株如 BL21 等，在重组蛋白质表达中得到广泛的应用。

IPTG 诱导蛋白表达原理：*E. coli* 乳糖操纵子含 *Z*、*Y*、*A* 三个结构基因，分别编码半乳糖苷酶、透酶、乙酰基转移酶，此外还带有一个操纵序列 *O*、一个启动序列 *P* 以及一个调节基因 *I*。由 *I* 基因编码的阻遏蛋白与 *O* 序列结合，使操纵子受阻遏，从而处于关闭状态。在启动序列 *P* 上游存在一个代谢物基因激活蛋白（CAP）结合位点。*P* 序列、*O* 序列和 CAP 结合位点共同构成了 lac 操纵子的调控区，调节三种酶的编码基因，实现基因产物协调表达。在没有乳糖存在的条件下，*I* 序列在 P_1 启动序列的操纵下表达 Lac 阻遏蛋白，并与 *O* 序列结合，lac 操纵子处于关闭状态，抑制转录起动。当有乳糖存在时，乳糖进入细胞，经 β - 半乳糖苷酶催化，转变为半乳糖。后者作为一种诱导剂结合阻遏蛋白，使蛋白构象发生变化，导致阻遏蛋白与 *O* 序列解离，lac 操纵子被诱导，发生转录。IPTG 是 β - 半乳糖苷酶的活性诱导物质，在它的诱导下乳糖被催化形成半乳糖，使 lac 操纵子处于激活状态，从而大量的表达目的基因。

（三）器材与试剂

离心分离机（预冷至 4 ℃），一次性层析柱（Econo 柱，购自 Bio - Rad 公司），冰孵化器（摇动，预设为 37 ℃），微型离心机和离心管，振荡混旋器，超声波仪，分光光度计，培养细菌用的试管和烧瓶。

GST 转化菌株和 GST 融合表达载体，异丙基 - β - D - 硫代半乳糖苷（IPTG），含有适当抗生素用于筛选的 LB 液体培养基，新鲜配制的 PBS 裂解缓冲液，用于 GST 融合蛋白制备的 PBS(冰上预冷),新鲜配制的含有蛋白酶抑制剂的 PBS,含有 20 mmol/L 还原型谷胱甘肽的 Tris - Cl(50 mmol/L,pH8.0)(购自 Sigma 与 Amersham 公司),谷胱甘肽 - 琼脂糖微珠。

SDS - 聚丙烯酰胺凝胶电泳和考马斯亮蓝染色步骤所涉及的设备和试剂。

(四) 实验步骤

1. 将表达不同构建体(单独含有 GST 基因或 GST 融合蛋白)菌株的单个菌落分别接种至 5 mL 等分的含有适当抗生素用于筛选的 LB 液体培养基。37 ℃振荡培养,过夜。

2. 取上一步已过夜培养的 5 mL 菌液接种至 1 L 含有抗生素的 LB 培养基中。

3. 在 37 ℃下振荡培养,至 OD 600 为 0.5 ~ 1.0(该过程应该需要 3 ~ 6 h)。

4. 加入 IPTG 至终浓度为 0.1 mmol/L,诱导表达蛋白。

5. 37 ℃振摇孵育 3 h。

6. 4 ℃,3 500 r/min,20 min,离心细菌培养物。

7. 弃上清。此时,如果有必要可将沉淀冷冻保存在 - 20 ℃。

8. 将沉淀重悬于 20 mLPBS 裂解缓冲液。

9. 细菌悬液的超声处理在冰面上进行,裂解 10 s 后,静止于冰上 10 s,如此交替进行。循环 3 次。

10. 4 ℃,12 000 r/min,15 min,离心裂解物。

11. 将上清液转移至一个新的管中。

12. 加入 5 mL 的 50:50(体积比)的谷胱苷肽 - 琼脂糖微珠浆液于 PBS 裂解缓冲液。

13. 在 4 ℃下孵育 30 min,颠倒混匀。

14. 4 ℃,750 r/min,1 min,离心样品产生沉淀。弃上清。

15. 用 5 mL 加有蛋白酶抑制剂的预冷的 PBS 洗涤沉淀。

16. 4 ℃,750 r/min,1 min,离心样品产生沉淀。弃上清。

17. 加入 5 mL 含有蛋白酶抑制剂的预冷的 PBS,轻轻颠倒混匀,使沉淀重悬。

18. 4 ℃,750 r/min,1 min,再一次离心样品产生沉淀。弃上清。此时可以在 4 ℃条件下将融合蛋白保存在树脂中。

19. 加入 5 mL 含有蛋白酶抑制剂的预冷的 PBS,轻轻颠倒混匀,使沉淀重悬。

20. 将重悬液置于层析柱中。

21. 用 5 mL 含有蛋白酶抑制剂的预冷的 PBS 洗脱,PBS 可满溢出层析柱。

22. 在液体经过柱子流动的同时,准备一批标记有 1 ~ 10 代号的 10 个离心管用来收集样品。

23. 用 5 mL 预冷(0 ~ 4 ℃下)的 50 mmol/L 含有 20 mmol/L 还原型谷胱甘肽的 Tris - HCl(pH 8.0)洗脱融合蛋白。

24. 各收集 0.5 mL 洗脱的组份于微量离心管中。洗脱液可以在 4 ℃下保存,层析柱可以在 4 ℃下存储于 PBS 中,必须密封以防止干燥和污染。

25. 对洗脱的组份进行蛋白质测定。测定的结果可识别融合蛋白存在于哪一个洗脱管中。

26. 从蛋白质的洗脱液中获得融合蛋白样品,在 SDS - 聚丙烯酰胺凝胶上电泳,并用考马斯亮蓝染料染色。GST 基团相对分子质量为 26 000,因此,融合蛋白预测的相对分子质量要在目的蛋白相对分子质量的基础上加上 26 000。

27. −80 ℃保存重组蛋白。

（五）注意事项

1. 市售的谷胱甘肽－琼脂糖微珠常常置于含有乙醇或其他成分的溶液中。在使用之前，这些树脂应用 PBS 裂解缓冲液洗涤，并以 50∶50（体积比）配成浆液，储存在 4 ℃。

2. 洗脱的蛋白置于含有 20 mmol/L 谷胱甘肽溶液中。在大多数情况下，应除去谷胱甘肽。

3. 储存的方法需根据经验确定。例如，随后需要进行酶分析的蛋白可能需要特殊处理，而那些在蛋白质－蛋白质之间相互作用研究中使用的蛋白则不需要。大部分蛋白可以在短期内保存在 4 ℃中。通常情况下，应避免反复冻融。长期储存后，必须进行 SDS－聚丙烯酰胺凝胶电泳以检查蛋白质的完整性。

（六）思考题

1. 蛋白产量低的原因是什么？

2. 分析有哪些因素可导致诱导蛋白表达失败？

3. 如何解决蛋白质降解问题？

4. 造成细菌宿主蛋白污染的原因是什么？怎样解决？

5. 何种因素可干扰谷胱甘肽－琼脂糖的结合？解决方法是什么？

6. 蛋白不溶性的解决方法有哪些？

（蔡 琳）

第三章

综合性实验

实验七

成纤维细胞生长因子10的转化及转基因植株的筛选

植物基因工程是在现代生物学、化学和化学工程学以及其他数理科学的基础上产生和发展起来的。它的出现使得生物科学获得迅猛发展，并带动了植物生物技术产业的兴起；标志着人类已经能够按照自己意愿进行各种基因操作上规模生产基因产物，并自主设计和创建新的基因、新的蛋白质和新的生物物种，是当今新技术革命的重要组成部分。

一、农杆菌感受态细胞的制备

（一）实验目的

1. 熟悉农杆菌感受态的制备方法。
2. 掌握制备过程中的无菌操作技术。
3. 了解农杆菌细胞培养条件、细胞形态和生长状态。

（二）实验原理

成纤维细胞生长因子10(fibroblast growth factor 10, FGF10)。在利用根癌农杆菌介导的基因转化中，首先要获得含有目的基因的农杆菌工程菌株。在基因工程操作中，感受态细胞的制备和质粒的转化是一项基本技术。感受态是细菌细胞具有的能够接受外源DNA的一种特殊生理状态。农杆菌的感受态可用 $CaCl_2$ 处理而诱导产生。将正在生长的农杆菌细胞加入到低渗的 $CaCl_2$ 溶液中，0 ℃下处理便会使细菌细胞膜的透性发生改变，此时的细胞呈现出感受态。制备好的农杆菌感受态细胞迅速冷冻于 -70 ℃ 可保存相当一段时间而不会对其转化效率有太大的影响。

（三）器材与试剂

超净工作台，恒温摇床，冷冻高速离心机，高压灭菌锅，制冰机，冰箱，分光光度计。

接种针，10 mL 试管，50 mL 离心管，1.5 mL 离心管，微量加样器，吸管，移液管，酒精灯，试管架，酒精棉球，碘酒，无菌服，口罩，帽子等。

土壤农杆菌 LBA4404 菌株或其他农杆菌菌株。

YEP 液体培养基(1 L)：酵母提取物 1 g，牛肉膏 5 g，蛋白胨 5 g，蔗糖 5 g，$MgSO_4 \cdot 7H_2O$ 0.5 g，pH 7.0。

50 mg/mL 利福平(Rif)储液，20 mmol/L $CaCl_2$。

（四）实验步骤

1. 挑取根癌农杆菌 LBA4404 单菌落于 3 mL 的 YEP 液体培养基(含 50 mg/L Rif)中，28 ℃振荡培养过夜。
2. 取过夜培养菌液 1 mL 接种于 50 mL YEB 液体培养基(含 50 mg/L Rif)中，28 ℃振荡

培养至 OD_{600} 为 0.5。

3. 取 2 mL 菌液,13 000 r/min,离心 30 s,弃去上清液。

4. 加入 1 000 μL 20 mmol/L $CaCl_2$,使农杆菌细胞充分悬浮,冰浴 30 min。

5. 13 000 r/min,离心 30 s,弃上清液,置于冰上,加入 500 μL 预冷的 20 mmol/L $CaCl_2$,充分悬浮细胞,冰浴中保存,24 h 内使用,或液氮中速冻 1 min,置 −70 ℃ 保存备用。

(五) 注意事项

1. 感受态尽量新配制,而且不要太浓(OD_{600} 在 0.3 ~ 0.5)。

2. $CaCl_2$ 尽量现配现用。

3. 如果后续使用 pBI 121 等本身拷贝数低的质粒,转化子可能长的就慢些。

4. YEP 培养基也可用 LB 培养基代替。

(六) 思考题

1. 简述农杆菌感受态的制备方法。

2. 为什么在制备感受态时使用到 $CaCl_2$?

3. 培养农杆菌细胞的条件是什么?

二、质粒 DNA 导入农杆菌

(一) 实验目的

1. 熟悉质粒 DNA 转化农杆菌细胞操作方法。

2. 掌握植物细胞质粒 DNA 转化农杆菌的原理。

(二) 实验原理

农杆菌介导法

人们很早就发现双子叶植物常发生一种冠瘿瘤病,该病在法国、东欧和意大利的葡萄和果树上曾大面积发生。1907 年 Smith 和 Townsent 等首先发现这种冠瘿瘤病是由根癌农杆菌引发的。

1974 年 Zaenen 等在根癌农杆菌内发现并分离了一种与肿瘤诱导有关的大型质粒(大于 200 kb),称为 Ti 质粒(图 3 −1)。1977 年 Chilton 等在研究农杆菌侵染后形成的植物肿

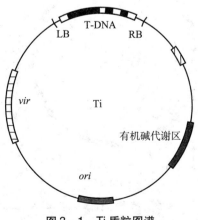

图 3 −1 Ti 质粒图谱

瘤细胞时,用分子杂交发现在肿瘤细胞中存在着农杆菌 Ti 质粒的一个片段,称为 T - DNA (transfer - DNA)。实验表明,T - DNA 转移到植物细胞后整合进植物基因组中并得以表达,从而导致了冠瘿瘤的发生。进一步研究发现,整合到植物基因组中的 T - DNA 可以通过减数分裂稳定地传给植物的后代,Ti 质粒的上述特性成为农杆菌介导法植物遗传转化的重要基础。

Ti 质粒为根癌农杆菌核外的一种环状双链 DNA 分子,长约 200 kb。其中含有一段称为 T - DNA 的可转移区段,当农杆菌侵染寄主细胞后,T - DNA 可以从农杆菌转移到宿主细胞内并整合到寄主细胞的基因组中。Ti 质粒的这一特性为农杆菌介导法植物转基因奠定了基础。

T - DNA 的长约 23 kb,在其两端各有一个 25 bp 左右的正向重复序列,称之为 T - DNA 的边界序列。在不同的农杆菌 Ti 质粒上该序列高度保守,一般认为右端重复序列对 T - DNA 的转移起决定性作用。

以根癌农杆菌介导的植物遗传转化是目前最有效的途径之一。根癌农杆菌对植物释放的化学物质产生趋化反应,向植物受伤组织集中。根癌农杆菌含有 Ti(tumor - inducing plasmid) 质粒,Ti 质粒上的 T - DNA(transferred DNA) 在 Vir 区(virulence region) 基因产物的介导下可以插入到植物基因组中,诱导在宿主植物中瘤状物的形成。因此,将外源目的基因插入到 T - DNA 中,借助 Ti 质粒的功能,使目的基因转移进宿主植物染色体上,从而使目的基因在植物细胞中得到表达。

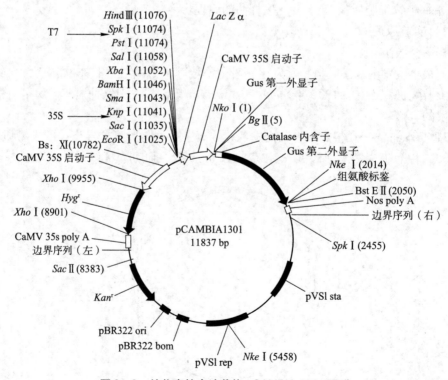

图 3 - 2 植物真核表达载体 pCAMBIA 1301 图谱

在低温下,外源 DNA(质粒)可吸附到感受态细胞表面,诱导细胞吸收 DNA。(加入热激原理)转化了质粒 DNA 的农杆菌随后 28 ℃恢复培养,可使质粒上携带的编码抗生素的抗性基因得到表达,因此,转化了质粒的农杆菌细胞可在含有相应抗生素的培养基上生长,而没有转化的细胞则无法生长。

(三) 器材与试剂

超净工作台,恒温摇床,培养箱,台式离心机,水浴锅,高压灭菌锅,−70 ℃超低温冰箱,培养皿,微量进样器及吸头,液氮。

根癌农杆菌 LBA4404(或 EHA105)感受态细胞,质粒 pCAMBAI 1301 + SPR 植物表达载体。

YEB 液体培养基(1L):酵母提取物 1 g,牛肉膏 5 g,蛋白胨 5 g,蔗糖 5 g,$MgSO_4 \cdot 7H_2O$ 0.5 g,pH 7.0,高压灭菌。

YEB 固体培养基:每升 YEB 液体培养基加 15 g 琼脂粉,高压灭菌。

50 mg/mL 卡那霉素(Kan)储液;50 mg/mL 利福平(Rif)储液。

YEB 固体培养基平板(Kan 抗性):灭菌后的 YEB 固体培养基待其温度降至 50 ℃时加入卡那霉素和利福平,至终质量浓度分别为 100 μg/mL 和 50 μg/mL,混匀后立即倒入培养皿,凝固后 4 ℃倒置保存。

(四) 实验步骤

1. 在 200 μL 感受态细胞中加入 2~6 μL 质粒(pBI 121)DNA,冰浴 5 min,液氮中速冻 5 min。

2. 迅速转入 37 ℃水浴中,热激 5 min。

3. 加入 1 mL YEB 液体培养基,28 ℃慢速振荡培养 2~4 h。

4. 3 000 r/min 离心 4 min,去一部分上清液,留取 200 μL 菌液涂布于含有 50 μg/mL Kan 和 50 μg/mL Rif 的 YEB 平板。

5. 放置约 0.5 h,待水分干后,28 ℃培养约 24 h 至长出菌落。

(五) 思考题

1. 质粒 DNA 转入农杆菌的原理?

2. 在转化操作中,平板中加利福平的目的?

三、农杆菌转化子的鉴定

(一) 实验目的

掌握农杆菌质粒 DNA 的提取方法。将从农杆菌提取的质粒与对照质粒同时电泳,通过比较确定获得了农杆菌转化子。

(二) 实验原理

经改造的 Ti 质粒(只含有帮助 T−DNA 跳到植物染色体上的 Vir 区)存在于农杆菌工程菌株中,含有 T−DNA 的双元载体(binory vectors)完成重组后可以在大肠杆菌中扩增,再转入农杆菌中。从抗性培养基上筛选得到的农杆菌转化子中应携带转入的重组质粒,而对照菌株则没有。碱裂解法是一种应用最为广泛的质粒 DNA 提取方法,该法用于从小量培养物中抽提质粒 DNA,比较方便、省时,提取的 DNA 质量较高,可用于 DNA 的酶切、PCR 甚至测序。提取质粒 DNA 是基于染色体 DNA 与质粒 DNA 的变性与复性的差异而使其分离。当细胞在 NaOH 和 SDS 溶液中裂解时,在 pH 高达 12.6 的碱性条件下,蛋白质和染色体 DNA 发生变性,染色体 DNA 的氢键断裂、双螺旋结构解开,而质粒 DNA 虽大部分氢键也断裂,但超螺旋共价闭合环状结构的两条互补链不会完全分离,当加入中和液醋酸钾或醋酸钠高盐缓冲液时,质粒 DNA 恢复原来的构型,而染色体 DNA 不能复性,形成缠绕的网状结构,通过离心,染色体 DNA、蛋白质 – SDS 复合物随细胞碎片等沉淀下来,质粒 DNA 则留在上清液中。

(三) 器材与试剂

台式高速离心机,高压灭菌锅,恒温摇床,恒温水浴,电泳仪及电泳槽,紫外灯。

加样器(pipettor),小离心管,吸头(tip),三角瓶,牙签。

含质粒的农杆菌 LBA4404(或 EHA105),农杆菌 LBA4404(或 EHA105)。

YEB 液体培养基(1 L):酵母提取物 1 g,牛肉膏 5 g,蛋白胨 5 g,蔗糖 5 g,$MgSO_4 \cdot 7H_2O$ 0.5 g,pH 7.0,高压灭菌。

溶液 I:50 mmol/L 葡萄糖,25 mmol/L Tris – HCl(pH 8.0),10 mmol/L EDTA(pH 8.0),高压灭菌(6.895×10^4 Pa),4 ℃ 保存。

溶液 II:0.2 mol/L NaOH,1% SDS[先分别配成浓度 0.4 mol/L NaOH(灭菌)及 2% SDS,用前等体积混合]。

溶液 III:3 mol/L NaAc/KAc(pH 4.8)10 mL,5 mol/L NaAc/KAc 60 mL(灭菌),HAc 11.5 mL,H_2O 28.5 mL(灭菌),混合。

EB 溶液:贮液浓度为 10 mg/mL,工作浓度为 0.5 μg/mL。

TAE 溶液:40 mmol/L Tris – HAc,2 mmol/L EDTA,pH 8.0。

Tris 饱和酚,氯仿,无水乙醇,RNase A。

(四) 实验步骤

1. 质粒 DNA 的提取

(1) 挑取一个单菌落接种于 3 mL 含相应抗生素的 YEB(50 mg/L Kan)液体培养基中,28 ℃ 剧烈振荡过夜。

(2) 收集 1.5 mL 过夜培养物于 1.5 mL 离心管中,10 000 r/min 离心 30 s 收集菌体,尽可能除尽培养基。

(3) 向细胞沉淀中加入 100 μL 预冷的溶液 I,剧烈振荡,使菌体充分悬浮。

(4) 加入 200 μL 溶液 II,立即温和颠倒离心管 4~10 次,避免剧烈振荡。

(5) 加入 150 μL 溶液 III,温和颠倒离心管 4~10 次,将离心管置冰浴 5 min。

(6) 于室温 12 000 r/min 离心 15 min,将上清液转入新的离心管中(尽量避免吸取沉淀)。

(7) 加入 0.6 倍体积的异丙醇,颠倒混匀。

(8) 12 000 r/min 离心 10 min,弃上清液,加入 400 μL 70% 乙醇,12 000 r/min 离心 8 min,弃上清,在真空抽干或在超净工作台中吹干。

(9) 加入 10 μL 含 20 μg/mL RNase A 的 TE 或重蒸水溶解 DNA,37 ℃ 温育 30 min。

(10) –20 ℃ 保存。

2. 用琼脂糖电泳检测质粒 DNA(或用 PCR 进行检测)

用 1×TAE 配制 0.8 % 的琼脂糖凝胶,取所提取的质粒 DNA 溶液 2~5 μL 进行电泳,50~100 V 约 0.5~1 h,紫外灯下观察结果。

(1) 按照被分离 DNA 的大小,决定凝胶中琼脂糖的百分含量。可参照下表:

琼脂糖凝胶浓度	线性 DNA 的有效分离范围
0.3 %	5~60 kb
0.6 %	1~20 kb
0.7 %	0.8~10 kb
0.9 %	0.5~7 kb
1.2 %	0.4~6 kb
1.5 %	0.2~4 kb
2.0 %	0.1~3 kb

(2) 用高压灭菌指示纸带将洗净、干燥的玻璃板的边缘(或电泳装置所配备的塑料盘的开口)封住,形成一个胶膜(将胶膜放在工作台的水平位置上,用水平仪校正)。

(3) 配制足够用于灌满电泳槽和制备凝胶所需的电泳缓冲液(1×TBE)。准确称量的琼脂糖粉。缓冲液不宜超过锥瓶或玻璃瓶的 50 % 容量。在电泳槽和凝胶中务必使用同一批次的电泳缓冲液,离子强度或 pH 的微小差异会在凝胶中形成前沿,从而大大影响 DNA 片段的迁移率。

(4) 在锥瓶的瓶颈上松松地包上一层厚纸。如用玻璃瓶,瓶盖须拧松。在沸水浴或微波炉中将悬浮加热至琼脂糖溶解。注意:琼脂糖溶液若在微波炉里加热过长时间,溶液将过热并暴沸。应核对溶液的体积在煮沸过程中是否由于蒸发而减少,必要时用缓冲液补充。

(5) 使溶液冷却至 60 ℃。加入溴化乙锭(用水配制成 10 mg/mL 的贮存液)到终浓度为 0.5 μg/mL,充分混匀。

(6) 用移液器吸取少量琼脂糖溶液封固胶模边缘,凝固后,在距离底板 0.5~10 mm 的位置上放置梳子,以便加入琼脂糖后可以形成完好的加样孔。如果梳子距玻璃板太近,则拔出梳子时孔底将有破裂的危险,破裂后会使样品从玻璃板之间渗透。

(7) 将剩余的温热琼脂糖溶液倒入胶模中。凝胶的厚度在 3~5 mm 之间。检查一下梳子的齿下或齿间是否有气泡。

(8) 在凝胶完全凝固后(室温放置 30~45 min),小心移去梳子和高压灭菌纸带,将凝胶放入电泳槽中。

低熔点琼脂糖凝胶及浓度低于 0.5 % 的琼脂糖凝胶应冷却至 4 ℃,并在冷库中电泳。

(9) 加入恰好没过胶面约 1 mm 深的足量电泳缓冲液。

(10) 上样 DNA 样品与所需加样缓冲液混合后,用微量移液器,慢慢将混合物加至样品槽中。此时凝胶已浸没在缓冲液中。一个加样孔的最大加样量依据 DNA 的数量及大小而定,一般为 20～30 μL 样品。

已知大小的 DNA 标准,应同时加在凝胶的左凝胶的左侧和右侧孔内。确定未知 DNA 的大小。测量未知 DNA 的大小时,要所有样品都用相同的样品缓冲液。

(11)电泳。在低电压条件下,线形 DNA 片段的迁移速度与电压成比例关系,但是,在电场增加时,不同相对分子质量的 DNA 片段泳动度的增加是有差别的。因此,随着电压的增加,琼脂糖凝胶的有效分离范围随之减小。为了获得电泳分离 DNA 片段的最大分辨率,电场强度不应高于 5 V/cm。当溴酚蓝指示剂移到到距离胶板下沿 1～2 cm 处,停止电泳。

(五)注意事项

1. 缓冲系统:在没有离子存在时,电导率最小,DNA 不迁移,或迁移极慢;在高离子强度的缓冲液中,电导很高并产热,可能导致 DNA 变性,因此应注意缓冲液的使用是否正确。长时间高压电泳时,常更新缓冲液或在两槽间进行缓冲液的循环是可取的。

2. 琼脂糖:不同厂家、不同批号的琼脂糖,其杂质含量不同,影响 DNA 的迁移及荧光背景的强度,应有选择地使用。

3. 凝胶的制备:凝胶中所加缓冲液应与电泳槽中的相一致,溶解的凝胶应及时倒入板中,避免倒入前凝固结块。倒入板中的凝胶应避免出现气泡,影响电泳结果。

4. 样品加入量:一般情况下,0.5 cm 宽的梳子可加 0.5 μg 的 DNA 量,加样量的多少依据加样孔的大小及 DNA 中片段的数量和大小而定,过多的量会造成加样孔超载,从而导致拖尾和弥散,对于较大的 DNA 此现象更明显。

5. 电泳系统的变化会影响 DNA 的迁移,加入 DNA 标准参照物进行判定是必要的。

6. DNA 样品中盐浓度会影响 DNA 的迁移率,平行对照样品应使用同样的缓冲条件以消除这种影响。

7. DNA 迁移率取决于琼脂糖凝胶的浓度,迁移分子的形状及大小。采用不同浓度的凝胶有可能分辨范围广泛的 DNA 分子,制备琼脂糖凝胶可根据 DNA 分子的范围来决定凝胶的浓度。小片段的 DNA 电泳应采用聚丙烯酰胺凝胶电泳以提高分辨率。

8. 用移液抢将样品加至点样孔。每孔点样的体积一般少于 25 μL,因此吸取每一个样品时,操作要稳当且细心。

9. 常加一定量的蔗糖来增加样品的浓度,以使每个样品停留在各自的点样孔中。

10. 在样品中加入水溶性的阴离子追踪染料(如溴酚蓝),用以看出样品移动的距离。

11. 在一个或几个孔中加入标准相对分子质量样品,电泳结束后,根据已知相对分子质量的带的相应位置可用来做出标准曲线。

12. 电泳一般是在追踪染料泳动到胶的 80 % 部位时停止。注意电泳期间,电泳槽盖要安全盖好,以防止液体蒸发,又可以降低电击的可能性。

13. 电泳结束后,将胶浸没在 1 mg/L 的溴化乙锭(EB)中,5 min 后即可看到 DNA 带,EB 通过插入在双螺旋的配对核苷酸之间同 NDA 结合。另一种方法是电泳时,在胶中加入 EB。

14. 在紫外灯下,由于 EB 发出强烈的橘红色的荧光,所以可以看到 DNA 带。利用这种方法检测的界限是每条带约 10 ng DNA。带上塑料安全眼镜可防止紫外光对眼睛的伤害。可用尺子来测量每条带至点样孔的距离。同样,利用特制的照相机和调焦器,也可以对凝胶拍照。

15. 如果要对某一条带(如质粒)进一步分析,可用小刀将含该带的凝胶切割下来,从带中回收 DNA。琼脂糖核酸电泳实验操作流程。

16. 用蒸馏水将制胶模具和梳子冲洗干净,放在制胶平板上,封闭模具边缘,架好梳子。

17. 根据欲分离 DNA 片段大小用凝胶缓冲液配制适宜浓度的琼脂糖凝胶:准确称量琼脂糖干粉,加入到配胶用的三角烧瓶内,定量加入电泳缓冲液(一般 20~30 mL)。

18. 放入到微波炉内加热熔化。冷却片刻,加入一滴荧光染料,轻轻旋转以充分混匀凝胶溶液,倒入电泳槽中,待其凝固。

19. 室温下 30~45 min 后凝胶完全凝结,小心拔出梳子,将凝胶安放在电泳槽内。

20. 向电泳槽中倒入电泳缓冲液,其量以没过胶面 1 mm 为宜,如样品孔内有气泡,应设法除去。

21. 在 DNA 样品中加入 10× 体积的上样缓冲液,混匀后,用枪将样品混合液缓慢加入被浸没的凝胶加样孔内。

22. 接通电源,红色为正极,黑色为负极,切记 DNA 样品由负极往正极泳动(靠近加样孔的一端为负)。一般 60~100 V 电压,电泳 20~40 min 即可。

23. 根据指示剂泳动的位置,判断是否终止电泳。

（六）思考题

简述溶液Ⅰ、溶液Ⅱ、溶液Ⅲ的作用,以及实验中分别加入上述溶液后,反应体系出现的现象及成因?

四、烟草遗传转化实验

（一）实验目的

烟草是遗传转化的模式植物,已经建立了一套完善的转化再生体系。本实验以烟草为实验材料,使同学们了解根癌农杆菌介导法的基本原理和一般步骤,掌握遗传转化的基本操作技术。

（二）器材与试剂

摇床,超净工作台,冰箱。

镊子,手术刀,打孔器,移液枪,酒精灯,棉球,培养皿,三角瓶,滤纸,牛皮纸,牙签。

MS 培养基母液,NaCl,酵母,水解酪蛋白,琼脂,蔗糖,卡那霉素,羧下青霉素,无菌水,苄基嘌呤(6-BA),萘乙酸(NAA),0.1% 升汞($HgCl_2$),70% 乙醇。

烟草愈伤诱导或分化培养基:MS+6-BA(1.0 mg/L)+NAA(1.0 mg/L)。

烟草生根培养基:MS+NAA(0.1 mg/L)。

烟草选择培养基:MS+6-BA(1.0 mg/L)+NAA(1.0 mg/L)+75 mg/L Kan+500 mg/L羧下青霉素(Cb)。

（三）实验步骤

1. 受体材料的准备与预培养

（1）取自田间栽培烟草植株,用蒸馏水冲洗 1 遍后,以 70% 乙醇清洗 45 s,再以 0.1%

的升汞消毒 6～8 min，无菌水冲洗 5 遍，无菌滤纸吸干水分。

（2）用灭过菌的打孔器将无菌烟草叶片凿成 6 mm 的叶盘（或用手术刀切成 5～10 mm 方形叶片。

（3）将叶盘或叶片接种在烟草愈伤组织诱导或分化培养基上进行预培养，预培养 2～3 天，材料切口处刚刚开始彭大时备用。

2. 根癌农杆菌培养

（1）从平板上挑取单菌落，接种到 20 mL 附加相应抗生素（卡那霉素）的 YEB 液体培养基中，在恒温摇床上，于 28 ℃ 下以 180 r/min 培养至 OD_{600} 为 0.6～0.8（约需 17 h）。

（2）取 OD_{600} 为 0.6～0.8 的菌液，按 1 %～2 % 的比例，转入新配制的无抗生素的 YEB 液体培养基中，可同时加入 100～500 μmol/L 的乙酰丁香酮。在上述相同的条件下再培养 6 h 左右，待 OD_{600} 为 0.2～0.5 时即可用于转化。

3. 浸染

在超净工作台上，将菌液倒入无菌三角瓶中，从培养瓶中取出预培养过的外植体，放入菌液中，浸泡适当时间（5～30 min）。取出外植体置于无菌滤纸上吸去附着的菌液。

4. 共培养

将浸染过的外植体接种在烟草愈伤组织诱导或分化培养基上，在 28 ℃ 暗培养条件下共培养 2～4 天。

5. 选择培养

将经过共培养的外植体移到加有选择压的烟草愈伤组织诱导或分化培养基（附加 500 mg/L 的羧苄青霉素，抑制根癌农标菌生长）上，在光照为 2 000～10 000 lx、25 ℃ 条件下进行选择培养。

6. 继代选择培养

选择培养 2～3 周后，外植体的转化细胞将分化出抗性不定芽或产生抗性愈伤组织，将这些抗性材料转入相相应的选择培养基中进行继代扩繁培养，或转入附加选择压的生长或分化培养基中使其生长或诱导生化。

7. 生根培养

待不定芽长到 1 cm 以上时，切下并插入含有选择压的烟草生根培养基上进行生根培养，两周左右长出不定根。

注：YEP 可用 LB 培养基替代，液体 LB 培养基不含琼脂，供摇床培养农杆菌，含 0.5 % 琼脂的固体供短期保存菌种用。

（四）注意事项

1. 处理受体叶片时应注意灭菌彻底，否则容易污染。

2. 农杆菌培养过程中应进行 OD_{600} 值检测，以免浓度过高。

3. 侵染过程中，注意无菌条件的严格控制，以免样本污染。

4. 更换继代培养基和生根培养基时，也应该注意无菌条件的控制。

（五）思考题

1. 转化中使用乙酰丁香酮的目的是什么？其原理是什么？

2. 几种培养基有什么不同？更换的目的？

五、FGF10 的拟南芥转化及转基因植株的筛选

（一）实验目的

1. 熟悉转基因植株的筛选方法。

2. 掌握 FGF10 转化拟南芥植株的方法。

3. 了解拟南芥的生理特点及在生物技术制药实验中的应用。

（二）实验原理

1. 模式植物拟南芥

拟南芥（*Arabidopsis thaliana*），又名鼠耳芥、阿拉伯芥、阿拉伯草，在植物科学，包括遗传学和植物发育研究中的模式生物之一，其在农业科学中所扮演的角色正仿佛小鼠和果蝇在人类生物学中的一样，是研究有花植物的遗传、细胞、分子生物学的模式生物，其基因组大约为 12 500 万碱基对和 5 对染色体，在植物中算是小的。在 2000 年，拟南芥成为第一个基因组被完整测序的植物。在探明至今已发现的 25 500 个基因的功能上已作了非常多的研究工作。拟南芥植株之小与生活周期之短同样也是拟南芥的优点。实验室常用的许多品系，从萌芽到种子成熟，大约为 6 个星期。植株之小方便其在有限的空间里培养，而单个植株能产生几千个种子。此外，其自花传粉的机制也有助于遗传实验。所有这些都使拟南芥成为遗传研究的模式生物。

2. 孟德尔遗传定律

（1）分离规律　豌豆具有一些稳定的、容易区分的性状。所谓性状，即指生物体的形态、结构和生理、生化等特性的总称。所谓相对性状，即指同种生物同一性状的不同表现类型，如豌豆花色有红花与白花之分，种子形状有圆粒与皱粒之分等等。孟德尔曾研究 7 对相对性状的遗传规律。为了方便和有利于分析研究起见，他首先只针对一对相对性状的传递情况进行研究，然后再观察多对相对性状在一起的传递情况。因此他所从事试验的方法，主要是"杂交试验法"。他用纯种的高茎豌豆与矮茎豌豆作亲本（亲本以 P 表示），在它们的不同植株间进行异花传粉。结果发现，无论是以高茎作母本，矮茎作父本，还是以高茎作父本，矮茎作母本（即无论是正交还是反交），它们杂交得到的第一代植株（简称"子一代"，以 F1 表示）都表现为高茎。也就是说，就这一对相对性状而言，F1 植株的性状只能表现出双亲中的一个亲本的性状——高茎，而另一亲本的性状——矮茎，则在 F1 中完全没有得到表现。

又如，纯种的红花豌豆和白花豌豆进行杂交试验时，无论是正交还是反交，F1 植株全都是红花豌豆。正因为如此，孟德尔就把在这一对性状中，F1 能够表现出来的性状，如高茎、红花，叫做显性性状，而把 F1 未能表现出来的性状，如矮茎、白花，叫做隐性性状。孟德尔在豌豆的其他 5 对相对性状的杂交试验中，都得到了同样的试验结果，即都有易于区别的显性性状和隐性性状。

在上述的孟德尔杂交试验中，由于在杂种 F1 时只表现出相对性状中的一个性状——显性性状，那么，相对性状中的另一个性状——隐性性状，是不是就此消失了呢？能否表现出来呢？带着这样的疑问，孟德尔继续着自己的杂交试验工作。

孟德尔让上述 F1 的高茎豌豆自花授粉，然后把所结出的 F2 豌豆种子于次年再播种下

去,得到杂种 F2 的豌豆植株,结果出现了两种类型:一种是高茎的豌豆(显性性状),一种是矮茎的豌豆(隐性性状),即:一对相对性状的两种不同表现形式——高茎和矮茎性状都表现出来了。孟德尔的疑问解除了,并把这种现象称为分离现象。不仅如此,孟德尔还从 F2 的高、矮茎豌豆的数字统计中发现:在 1064 株豌豆中,高茎的有 787 株,矮茎的有 277 株,两者数目之比,近似于 3:1。

孟德尔以同样的试验方法,又进行了红花豌豆的 F1 自花授粉。在杂种 F2 的豌豆植株中,同样也出现了两种类型:一种是红花豌豆(显性性状),另一种是白花豌豆(隐性性状)。对此进行数字统计结果表明,在 929 株豌豆中,红花豌豆有 705 株,白花豌豆有 224 株,二者之比同样接近于 3:1。

孟德尔还分别对其他 5 对相对性状作了同样的杂交试验,其结果也都是如此。

概括上述孟德尔的杂交试验结果,至少有三点值得注意:

① F1 的全部植株,都只表现某一亲本的性状(显性性状),而另一亲本的性状,则被暂时遮盖而未表现(隐性性状)。

② 在 F2 里,杂交亲本的相对性状——显性性状和隐性性状又都表现出来了,这就是性状分离现象。由此可见,隐性性状在 F1 里并没有消失,只是暂时被遮盖而未能得以表现罢了。

③ 在 F2 的群体中,具有显性性状的植株数与具有隐性性状的植株数,常常表现出一定的分离比,其比值近似于 3:1。

(2) 自由组合规律 孟德尔在杂交试验的分析研究中发现,如果单就其中的一对相对性状而言,那么,其杂交后代的显、隐性性状之比仍然符合 3:1 的近似比值。以上性状分离比的实际情况充分表明,这两对相对性状的遗传,分别是由两对遗传因子控制着,其传递方式依然符合于分离规律。此外,它还表明了一对相对性状的分离与另一对相对性状的分离无关,二者在遗传上是彼此独立的。

如果把这两对相对性状联系在一起进行考虑,那么,这个 F2 表型的分离比,应该是它们各自 F2 表型分离比(3:1)的乘积:这也表明,控制黄、绿和圆、皱两对相对性状的两对等位基因,既能彼此分离,又能自由组合。

那么,对上述遗传现象,又该如何解释呢? 孟德尔根据上述杂交试验的结果,提出了不同对的遗传因子在形成配子中自由组合的理论。

因为最初选用的一个亲本——黄色圆形的豌豆是纯合子,其基因型为 *YYRR*,在这里,*Y* 代表黄色,*R* 代表圆形,由于它们都是显性,故用大写字母表示。而选用的另一亲本——绿色皱形豌豆也是纯合子,其基因型为 *yyrr*,这里 *y* 代表绿色,*r* 代表皱形,由于它们都是隐性,所以用小写字母来表示。

由于这两个亲本都是纯合体,所以它们都只能产生一种类型的配子,即:

YYRR——*YR*

yyrr——*yr*

两者杂交,*YR* 配子与 *yr* 配子结合,所得后代 F1 的基因型全为 *YyRr*,即全为杂合体。由于基因间的显隐性关系,所以 F1 的表现型全为黄色圆形种子。杂合的 F1 在形成配子时,根据分离规律,即 *Y* 与 *y* 分离,*R* 与 *r* 分离,然后每对基因中的一个成员各自进入到下一

个配子中,这样,在分离了的各对基因成员之间,便会出现随机的自由组合,即:

① Y 与 R 组合成 YR。

② Y 与 r 组合成 Yr。

③ y 与 R 组合成 yR。

④ y 与 r 组合成 yr。

由于它们彼此间相互组合的机会均等,因此杂种 F1($YyRr$)能够产生四种不同类型、相等数量的配子。当杂种 F1 自交时,这四种不同类型的雌雄配子随机结合,便在 F2 中产生 16 种组合中的 9 种基因型合子。由于显隐性基因的存在,这 9 种基因型只能有四种表现型,即:黄色圆形、黄色皱形、绿色圆形、绿色皱形,它们之间的比例为 9∶3∶3∶1。

这就是孟德尔当时提出的遗传因子自由组合假说,这个假说圆满地解释了他观察到的试验结果。事实上,这也是一个普遍存在的最基本的遗传定律,这就是孟德尔发现的第二个遗传定律——自由组合规律,也有人称其为独立分配规律。

本实验采用 Floral Dip 的植物遗传转化方法。

拟南芥为严格自花授粉植物,胚珠是转化的靶细胞。胚珠在最初发育阶段,先形成一个细胞环,进而形成一个顶端开口的瓶装结构,3 天之后瓶装结构的顶端形成柱头,顶端开口被封住之前转化都有可能发生,农杆菌即是在胚珠封闭之前进入房室,从而使外源基因在拟南芥植株上得到表达。

3. 植物 DNA 的提取

植物叶片经液氮研磨,可使细胞壁破裂,加入去污剂可使核蛋白体解析,再将蛋白质和多糖杂质沉淀,DNA 进入水相,再用酚、氯仿抽提纯化。本实验采用 CTAB(十六烷基三甲基溴化铵)法,其主要作用是破膜。CTAB 是一种非离子去污剂,能溶解膜蛋白与脂肪,也可解聚核蛋白。植物材料在 CTAB 的处理下,结合 65 ℃水浴使细胞裂解、蛋白质变性、DNA 被释放出来。CTAB 与核酸形成复合物,此复合物在高盐(>0.7 mmol/L)浓度下可溶,并稳定存在,但在低盐浓度(0.1~0.5 mmol/L NaCl)下 CTAB – 核酸复合物就因溶解度降低而沉淀,而大部分的蛋白质及多糖等仍溶解于溶液中。经过氯仿 – 异戊醇(体积比为 24∶1)抽提去除蛋白质、多糖、色素等来纯化 DNA,最后经异丙醇或乙醇等沉淀剂将 DNA 沉淀分离出来。

由于核酸、蛋白质、多糖在特定的紫外波长都有特征吸收。核酸及其衍生物的紫外吸收高峰在 260 nm。纯的 DNA 样品 $A_{260}/A_{280} \approx 1.8$,纯的 RNA 样品 $A_{260}/A_{280} \approx 2.0$,并且 1 μg/mL DNA 溶液 $A_{260} = 0.020$。

4. 植物 RNA 的提取

RNA 是一类极易降解的分子,要得到完整的 RNA,必须最大限度地抑制提取过程中内源性及外源性核糖核酸酶对 RNA 的降解。高浓度强变性剂异硫氰酸胍,可溶解蛋白质,破坏细胞结构,使核蛋白与核酸分离,失活 RNA 酶,所以 RNA 从细胞中释放出来时不被降解。细胞裂解后,除了 RNA,还有 DNA、蛋白质和细胞碎片,通过酚、氯仿等有机溶剂处理得到纯化、均一的总 RNA。

其提取过程为:破坏细胞膜→除去蛋白→除去 DNA→除去盐离子。RNase 是一类生物活性极其稳定的酶类,能耐高温、耐酸、耐碱,高压灭菌处理也不能使其完全失活。在提取

RNA 实验中,要尽量抑制 RNase 的活性。DEPC(焦磷酸二乙酯)是很强的 RNase 抑制剂,可以使 RNase 的活性丧失。实验中使用的枪头、EP 管、溶液都要利用 0.1% 的 DEPC 处理,Tris 不可以用 DEPC 处理。耐高温的玻璃器皿等要在 250 ℃烘烤 4 h 以上。内源的 RNase 一般利用蛋白质变性剂除去。如苯酚、氯仿、胍、SDS、十二烷基肌氨酸钠等。无水乙醇、高浓度的盐溶液和异丙醇中可以沉淀 RNA 或 DNA,前两者利于沉淀大片段的核酸。

注意:DEPC 是一种具有致癌嫌疑的有机物! 相关操作要在通风橱中完成。另外 DEPC 对单链的 DNA 或 RNA 具有破坏作用,利用 DEPC 处理过的溶液和物品都要经过高温灭活处理后才可以使用(DEPC 会分解成水和 CO2)。所有沾染 DEPC 的液体或物品在使用、遗弃前要高温灭活处理。RNA 操作的整个相关实验过程应该在超净台上完成,操作者应配带口罩、帽子和手套。

(三)器材与试剂

高压灭菌锅,冰箱,恒温水浴锅,高速冷冻离心机,紫外分光光度计,721 型分光光度计,磁力搅拌器,离心机。

剪刀,陶瓷研钵和杵子,磨口锥形瓶(50 mL),滴管,细玻棒,小烧杯(50 mL),离心管(50 mL),试管,三角烧瓶(500 mL、1 L),细长烧杯(400 mL),离心瓶(250 mL),加样枪(5 000 μL,1 000 μL,200 ~ 20 μL),灭菌 EP 管。

FGF10 农杆菌液,Columbia 生态型的拟南芥种子,植物材料。

MS 培养基,YEP 培养基,Kan(50 mg/mL),Rif(50 mg/mL),Triton X – 100,2% 蔗糖溶液,Silwet L – 77,3 × CTAB 提取缓冲液(pH 8.0),3% CTAB,2% β – 巯基乙醇,TE 缓冲液(pH 8.0),100 mmol/L Tris – HCl,25 mmol/L EDTA,氯仿 – 异戊醇混合液(24 : 1,V/V)。

95% 乙醇,液氮,酸二乙酯(DEPC),吗啉代丙烷磺酸(MOPS),异硫氰酸胍,乙酸钠(NaAc),甲醛,琼脂糖,异丙醇。

渗透缓冲液:1/2 MS 培养基 + 5% 蔗糖,配置后 KOH 调 pH 至 7.0。

(四)实验步骤

1. 拟南芥转化植株的准备

(1)拟南芥的培养方法

① 土培法。把营养土和蛭石按 4 : 6,1 : 2 或 1 : 1 的比例混合均匀,预先放入通气良好的花盆内,用自来水浇透,待水完全渗入后 15 min,将经过春化处理的种子均匀地播在介质表面,不盖土,用塑料保鲜膜罩住花盆,并在上面扎几个小孔,薄膜既保证小苗所需要的湿度又保证了温度。播种后 3 d 就可以发芽,发芽后,及时把膜揭去,发芽后发现表土干了可以浇水,此时小苗比较脆弱,浇水时,最好用尖嘴洗瓶接近介质表面轻轻地浇,以免把小苗冲倒,不要浇得过多,以免把小苗淹死,把握少量多次的原则。小苗长至 3 cm 以上时,每 2 ~ 3 d 浇 1 次水,每次要浇透。小苗长大以后,需要间苗,最终每株小苗应占 25 cm² 的面积。

② 蛭石培养法。将种子直接播在蛭石中,播种前用营养液将蛭石浸润,然后将春化的种子播种在蛭石表面,覆膜。由于蛭石不含养分,在培养时要浇 MS 营养液。具体管理方法同土培法,但此法浇营养液的时间间隔要比土培法浇水的时间短,原因是蛭石的保水性差些。

③ 沙培法。取粗糙的河沙,洗去沙中杂物,将春化后的种子直接播于沙中,用塑料保鲜膜将盆覆盖 4 d,以利于种子萌发和幼苗生长。由于拟南芥种子小,撒播时先将种子倒在质地较硬的纸上,然后轻轻振动纸张便可均匀撒播。由于蛭石也不含养分,生育期内也要浇 MS 营养液。

④ MS 培养基法。拟南芥种子放在培养皿中,先用 70 % 酒精消毒 30 s,用无菌水冲洗 4 次,再用 10 % 次氯酸钠消毒 10 min,无菌水冲洗 6 次后,倒在灭菌滤纸上,用镊子或解剖针点播在灭菌的 MS 固体培养基(1 % 蔗糖,0.8 % 琼脂,pH 5.8)上,避光,4 ℃ 春化 4 d 后转到光照培养间,温度 22 ℃(日)/18 ℃(夜),光周期 16 h(日)/8 h(夜),白炽灯光照培养。

⑤ 移栽法。将种子按照 MS 培养基法消毒后,播在 MS 培养基上,置于 4 ℃ 冰箱内春化 4 ~ 5 d,之后转入光照培养。培养 4 周后,将小苗移栽到营养土和蛭石按体积比 5∶5 混合的培养介质上,用塑料保鲜膜将盆覆盖 2 d 以缓苗,之后的管理方法同土培法。

⑥ 基质培养法。将春化后的种子播种在用矿质营养液浸透的营养土、蛭石、素沙(1∶1∶1)或者蛭石、土、珍珠岩(2∶1∶1)的基质中,其他培养方法同土培法。

⑦ 水培法。水培装置:在 300 mL 一次性塑料杯(内杯)口上缝一层尼龙筛网,筛网上放一张剪有 15 个均匀分布小孔的滤纸,剪去杯底,将其置于 500 mL 一次性塑料杯(外杯)中。再将配好的营养液倒入杯中,使液面与内杯的筛网齐平。拟南芥种子用 70 % 乙醇和 1 % 次氯酸钠浸泡消毒后,用无菌水冲洗干净,再放入 4 ℃ 冰箱中春化 3 ~ 4 d,种子用 0.1 % 琼脂水溶液悬浮后,用移液枪将种子点播在铺于筛网上的滤纸的小孔处。播后的第 1 周要及时添加营养液,使滤纸和种子保持湿润,种子发芽出苗后,小心移去滤纸。每周更换 1 次营养液,液面离筛网 0.5 cm,保持筛网干燥以防止霉菌生长。

上述 7 种培养方法中,如果在人工气候箱培养,条件是:温度为 23 ℃,16 h 光照/8 h 黑暗,相对湿度 60 % ~ 70 %。有的方法中涉及的营养液可以是改良的 Hoagland 营养液。

(2)待植物培养至初生花序 5 ~ 15 cm、此生花序刚刚形成花芽状时,去除初生花序,有益于次生花序的生长发育,便于转化。

(3)Floral Dip 转化处理应在去除初生花序 3 ~ 5 d 内完成。并且在 Floral Dip 转化前 1 d 植物需充分浇水,以便植物气孔在转化时充分张开。

2. 农杆菌感受态的制备及菌液的培养

(1)农杆菌感受态的制备 (略)

(2)菌液的培养

① 将制备好的已转化 FGF10 – P1390 质粒的农杆菌菌液接于有 YEP 培养液的试管中 1∶500 接种。28 ℃,230 r/min 摇过夜,约 30 h。

② 中量培养:在三角烧瓶(500 mL)中分别加入 250 mL YEP、250 μL Kan(50 mg/mL)、250 μL Rif,再加入已摇活的 5 mL 菌液,培养 28 ℃,230 r/min 约 20 h。

③ 大量培养:在三角烧瓶(1 L)中分别加入 500 mL YEP、500 μL Kan(50 mg/mL)、500 μL Rif,再加入已摇活的 250 mL 菌液,培养 28 ℃,230 r/min 约 20 hr,测 OD 值,用 YEP + Rif 作为空白对照,当菌液达到 OD_{600} 为 1.5 ~ 3.0 之内时,待用。

3. 侵染液的准备

将上述 FGF10 农杆菌接菌收集菌体于 250 mL 离心瓶,20 ℃,4 000 r/min 离心 15 min,

弃去上清,用渗透缓冲液(1/2 MS 培养基 + 5 % 蔗糖配置后在,KOH 调 pH 至 7.0)加终浓度 0.02 % ~0.03 % SilwettL - 77,置于 500 mL 三角瓶中,振荡混匀,将上述离心得的菌体轻轻悬浮,并稀释,以重悬渗透液为对照,测其 OD_{600} 值,得 OD 值约为 0.8 ~1.0 左右的侵染液。

4. Floral Dip 法转化拟南芥

取 Columbia 生态型的拟南芥种子,在 EP 管中用 70 % 的酒精消毒 2 ~3 min,10 % 次氯酸钠消毒 10 min,无菌水冲洗 5 ~6 次,用 0.1 % 的琼脂混匀,平铺在 1/2 MS 培养基上,4 ℃保湿黑暗条件下春化 3 ~4 天,然后置于 16 h 光照/8 h 黑暗光周期、2 000 ~3 000 Lux、18 ℃、RH 为 70 % 条件下培养。一周后,选择生长健壮的幼苗移栽到培养土中。每周浇一次 1/2 PNS 培养液。当幼苗长至 3 ~4 cm 时,去除花序,在去除顶端花序四天后进行转化。转化前将已经开花授粉的花和种子去除干净。转化时将花在侵染液中浸泡 10 s 左右,标记好,将转化好的植株平放于盒子内,上盖封口膜封好,2 天后,将植株立起正常培养,浇水,3 天 1 次,约 30 日后收获转基因种子。

5. 转基因种子的筛选

将收获的 T1 代转基因种子用含有 0.2 % 的 Triton X - 100 浸泡 10 min;用 10 % 的次氯酸钠表面消毒 10 ~12 min;灭菌水冲洗 5 ~6 次,每次约 2 min;用水将转基因种子置于含 50 mg/L Kan 的 MS 平板上,4 ℃暗培养两天,Kan 抗性筛选的种子在 22 ℃,16 h 光照/8 h 黑夜光周期培养。两周后,经 Kan 抗性筛选的阳性植物表现良好,长势正常,而阴性植物则不萌发或不久死亡。选择生长健壮的幼苗移栽到培养土中,每周浇一次 1/2 PNS 培养液。收种,获得转 FGF10 基因拟南芥 T2 代种子。

6. 转基因种子的鉴定

(1) 转基因拟南芥的 PCR

① 取 50 mg 卡那抗性筛选的转基因拟南芥叶片于液氮中研磨成粉末,用 CTAB 法提取总 DNA,适当稀释后作模板,以 VPR1 和 VPR2 为引物进行 PCR 扩增。PCR 体系为:

试剂	体积/μL
2 × Power *Taq* PCR MasterMix	12.5
OL1	1
OL2	1
转基因拟南芥基因组	1
ddH$_2$O	9.5
总体积	25

PCR 反应条件:预变性时间 2 min、温度 95 ℃;变性时间 30 s、温度 95 ℃,退火时间 30 s、温度 56 ℃,延伸时间 2 min、温度 72 ℃,共 31 个循环;72 ℃延伸 10 min、4 ℃终止反应。反应结束后,琼脂糖凝胶电泳验证。

② 转基因拟南芥的 ELISA 检测。以未转基因的叶片作阴性对照。分别取 50 mg PCR

阳性转基因拟南芥的叶片和荚,加入 200 mL 样品抽提缓冲液(PBST,0.029% NaN3,pH 7.4),研磨,10 000 r/ min 离心20 min,取上清,同时以标准 FGF10 抗原和非转基因拟南芥的荚蛋白分别作为阳性和阴性对照,用双抗夹心 ELISA 法检测目的蛋白的表达。

(2) 转基因拟南芥 Western blot 检测　分别取 50 mg ELISA 检测阳性转基因拟南芥的叶片和荚,加液氮研磨,加 150 mL 蛋白抽提缓冲液(50 mmol/L Tris – HCl,pH 7.5,10 mmol/L EDTA,100 mmol/L NaCl,0.5% Triton X – 100,14 mmol/L 巯基乙醇,1 mmol/L PMSF),混匀,4 ℃,12 000 r/ min 离心20 min,加入等体积的上样缓冲液,煮沸5 min,12% SDS – PAGE 电泳后,电转移至 NC 膜上,封闭、漂洗,用阳性牛血清(1∶12 000 稀释)37 ℃ 孵育 2 h,漂洗后以碱性磷酸酶(AP)标记的兔抗牛 IgG(1∶15 000 稀释)37 ℃ 孵育 1 h,膜漂洗后,避光条件下加入显色液 NBT/BCIP,至条带清晰后,将膜放入蒸馏水中漂洗,终止显色反应。

(3) 转基因拟南芥后代分析　取 T1 代转基因拟南芥的种子表面消毒后播种在含 50 mg/L 卡那霉素的 MS 培养基上培养(20 ±2 ℃、连续光照),将 T2 代幼苗转入土中生长,提取叶片基因组 DNA,PCR 扩增 FGF10 基因。

经过检测及筛选,最终获得成功转 FGF10 拟南芥植株。

7. 植物总 DNA 的提取

(1) 称取 2 g 新鲜的植物叶片,用蒸馏水冲洗叶面,滤纸吸干水分。

(2) 将叶片剪成 1 cm 长,置预冷的研钵中,倒入液氮,尽快研磨成粉末。

(3) 待液氮蒸发完后,加入 15 mL 预热(60 ℃)的 CTAB 提取缓冲液,转入一磨口锥形瓶中,置于 65 ℃ 水浴保温 0.5 h,不时地轻轻摇动混匀。

(4) 加等体积的氯仿 – 异戊醇,盖上瓶塞,温和摇动,使成乳状液。

(5) 将锥形瓶中的液体倒入 50 mL 离心管中,在 4 ℃ 下 8 000 r/min 离心 10 min。

(6) 离心管中出现 3 层,用滴管小心地将上层清液吸入另一干净的离心管中,弃去中间层的细胞碎片和变性蛋白以及下层的氯仿。(根据需要,上清液可用氯仿 – 异戊醇反复提取多次)

(7) 收集上层清液,并将其倒入小烧杯。沿烧杯壁慢慢加入 2 倍体积预冷的 95% 乙醇。边加边用细玻棒沿同一方向搅动,可看到纤维状的沉淀(主要为 DNA)迅速缠绕在玻棒上。

(8) 小心取下这些纤维状沉淀,加 1~2 mL 70% 乙醇冲洗沉淀,轻摇几分钟,除去乙醇,即为 DNA 粗制品。

(9) 将粗制品溶于 TE 缓冲液。

(10) 在分光光度计上测定该溶液在 260 nm、280 nm 紫外光波长下的吸光度值。

8. 植物总 RNA 的提取

(1) 总 RNA 的提取(方案一)

① 实验前 10 天左右播种水稻种子,在 3~4 叶期,剪取 1.2 g 幼叶。放入研钵,在液氮中研磨成粉末状,移入 10 mL 离心管。加入 4 mol/L 异硫氰酸胍 4 mL,苯酚 3 mL,2 mol/L NaAc(pH 4.8)0.3 mL,氯仿 0.6 mL,混匀,冰浴放置 30 min。

② 4 ℃,8 000 r/min,离心 13 min。

③ 弃沉淀,取上清液至另一干净无菌离心管中。

④ 加入 2 倍体积无水乙醇, -70 ℃, 0.5 h。

⑤ 4 ℃, 8 000 r/min, 离心 13 min。

⑥ 弃上清液, 在沉淀中加入 1 mL 4 mol/L LiCl, 使其溶解。

⑦ 移入 1.5 mL 离心管中, 冰浴 2 h。

⑧ 4 ℃, 13 000 r/min, 离心 15 min。

⑨ 弃上清液, 在沉淀中加入 400 μL DEPC 水, 再加入 400 μL 氯仿, 混匀。

⑩ 4 ℃, 13 000 r/min, 离心 6 min。

⑪ 取上清液, 并加入 1/10 体积 3 mol/L NaAc(pH 5.0), 2 倍体积无水乙醇, -20 ℃, 放置 30 min。

⑫ 4 ℃, 13 000 r/min, 离心 20 min。

⑬ 将沉淀 RNA 用 70% 乙醇洗涤 2 次。

⑭ 将沉淀 RNA 室温下稍干燥。

⑮ 加 30 μL DEPC 水溶解, -70 ℃ 保存。

（2） 总 RNA 的提取（方案二）

利用 Trizol 提取液抽提 RNA, 具体步骤如下：

① 取幼叶约 250 mg 在液氮中研磨至细粉, 转入预冷的 1.5 mL 离心管。

② 加入 1 mL Trizol 提取液震荡摇匀。

③ 室温放置 5 min 后, 加入 0.5 mL 的氯仿, 剧烈摇动离心管 5 min。

④ 在 8 ℃ 条件下, 12 000 r/min 离心 15 min。

⑤ 溶液分为两层, 下层为酚-氯仿浅红色液层, 将上层液体移入干净离心管, 加入 0.5 mL 异丙醇在 15~30 ℃ 条件下, 沉淀 10 min。

⑥ 然后在 2~8 ℃ 条件下, 12 000 r/min 离心 10 min, RNA 沉淀管壁和底部。

⑦ 去掉液体部分, 加入 1 mL 75% 乙醇洗 2 次。

⑧ 风干后, 加入 25 μL DEPC 处理过的水溶解 RNA, 储藏于 -80 ℃ 冰箱备用。

（3） 甲醛变性琼脂糖凝胶电泳分析总 RNA

① 配制 1.2% 变性琼脂糖凝胶(40 mL)：称取 0.48 g, 加入 DEPC 水 25.2 mL, 5×电泳缓冲液 4 mL, 加热使溶解, 稍冷却加入甲醛 3.4 mL, 混匀, 室温凝固 0.5~1 h。

② RNA 电泳检测样品制备：RNA 2 μL, 甲醛 2.5 μL, 甲酰胺 7.5 μL, 10×MOPS 2 μL, RNA 上样缓冲液 2 μL, 灭菌的 DEPC 水 4 μL。

混合液轻轻混匀并离心, 放于 65 ℃ 下温育 5 min 后, 置于冰上。

③ 电泳检测：将 1.2% 变性琼脂糖凝胶放入水平电泳槽中, 加 1×MOPS 电泳缓冲液, 覆盖凝胶约 1 mm。将 RNA 样品加到凝胶点样孔中, 在 5 V/cm 条件下电泳 30 min, 然后在 EB 中染色 15~20 min, 在紫外灯下观察提取的 RNA 的质量。

（五） 注意事项

1. 实验所用试管及三角瓶等容器应注意高压灭菌。

2. 实验中注意无菌操作。

3. 侵染液 OD_{600} 值不小于 0.8。

4. 在研磨过程中, 利用液氮时刻使组织保持冰冻状态。

5. RNA 酶是一类生物活性非常稳定的酶类,除了细胞内源 RNA 酶外,外界环境中均存在 RNA 酶,所以操作时应戴手套,并注意时刻换新手套。

（六）思考题

1. 各种植物细胞培养的生物反应器的特点是什么?

2. 影响植物次级代谢产物产生和累积的主要因素有哪些?

3. 植物组织的固体培养有何缺点?

4. 植物细胞培养的培养基由哪些主要成分组成?

5. CTAB、EDTA、巯基乙醇的作用分别是什么?

6. 液氮研磨的作用是什么?

（刘　　敏）

实验八

酸性成纤维细胞生长因子的制备、纯化与活性检测

　　成纤维细胞生长因子(fibroblast growth factor,FGF)是一个蛋白质家族,现发现至少有23个成员,即FGF1～FGF23。自从1940年首次被发现,到1974年被Gospodarwicz从牛脑垂体中分离纯化、并命名为成纤维细胞生长因子(FGF),人们对FGF的认识已经经历了近半个世纪。据研究发现,FGFs家族中的各个因子分别调控着一系列的发育过程,包括脑的发育、肢体的分化和躯干的形成。由于其广泛的生物学作用,近年来FGF一直是生物学家、病理学家以及药理学家的研究热点。

　　酸性成纤维细胞生长因子(acidic fibroblast growth factor,aFGF,又称FGF1)是第二个被发现并分离纯化的FGF,最初由Thomas于1984年从牛脑中分离纯化得到,在肾和脑组织中含量最丰富。人的aFGF基因位于第4号染色体上,为单拷贝基因,由两个大的内含子和三个外显子组成。aFGF蛋白由154个氨基酸残基组成,相对分子质量约15～18 kD,等电点为5～7,呈酸性。aFGF蛋白质的二级结构包括了12条不平行β链组成的三叶草结构(图3-3)。aFGF生物学特征与其多肽链序列中的多个功能区有关。三维晶体结构测定数据表明,aFGF的主要功能区包括肝素结合区、受体结合区和核转位区。这些结构区域与aFGF的生物学特征密切相关。aFGF通过激活FGF酪氨酸激酶受体(FGFR),形成复合体行使生物学功能,这个过程需要肝素的参与。

图3-3　aFGF的蛋白质二级结构(PDB:1RG8)

　　aFGF具有广泛的生物学功能,通过和受体结合而实现对中胚层及神经外胚层来源细

胞,如间充质细胞,内分泌细胞,神经组织细胞的生长、分化及功能的影响。aFGF 在正常生理和病理过程中参与生长发育和组织损伤的修复过程,aFGF 与组织器官的形态发生,创伤愈合及组织修复,神经营养,以及肿瘤的发生发展具有密切联系。

本实验将构建、表达以及纯化 aFGF,并在细胞水平上检测重组 aFGF 的生物活性。

一、目的基因的扩增与电泳鉴定

(一) 实验目的

1. 学习使用聚合酶链式反应进行体外 DNA 扩增。
2. 掌握移液枪和 PCR 仪的基本操作技术。
3. 掌握 DNA 琼脂糖电泳的方法。

(二) 实验原理

1. 聚合酶链式反应

聚合酶链式反应(polymerase chain reaction,PCR),是一种常用的分子生物学技术,常用于扩增特定的 DNA 片段。PCR 技术的基本原理类似于 DNA 的天然复制过程,其特异性依赖于与靶序列两端互补的寡核苷酸引物。

PCR 技术能广泛应用于分子生物学实验,主要由其特有的反应特点所决定的:①特异性强。PCR 反应的特异性取决于引物与模板 DNA 特异正确的结合,这是 PCR 反应特异性的关键;碱基的配对原则,因为引物与模板的结合及引物链的延伸是遵循碱基配对原则的;*Taq* DNA 聚合酶合成反应的忠实性,这种反应的忠实性以及 *Taq* DNA 聚合酶耐高温性,使反应中模板与引物的结合(复性)可以在较高的温度下进行,从而实现结合的特异性大大提升;靶基因的特异性与保守性,通过选择特异性和保守性高的靶基因区,其特异性程度就更高。②灵敏度高。PCR 产物的生成量是以指数方式增加的,能将皮克($pg = 10^{-12}$ g)量级的起始待测模板扩增到微克($\mu g = 10^{-6}$ g)水平。能从 100 万个细胞中检出一个靶细胞;在病毒的检测中,PCR 的灵敏度可达 3 个 RFU(空斑形成单位)。③简便、快速。PCR 反应用耐高温的 *Taq* DNA 聚合酶,一次性地将反应液加好后,即在 DNA 扩增液和水浴锅上进行变性 – 退火 – 延伸反应,一般在 2~4 h 完成扩增反应。扩增产物一般用电泳分析,不一定要用同位素,无放射性污染、易推广。④对标本的纯度要求低。不需要分离病毒或细菌及培养细胞,DNA 粗制品及 RNA 均可作为扩增模板。可直接用临床标本如血液、体腔液、洗嗽液、毛发、细胞、活组织等 DNA 扩增检测。

PCR 由变性、退火、延伸三个基本反应步骤构成:①模板 DNA 的变性:模板 DNA 经过加热至 90~96 ℃一定时间后,使模板 DNA 双链解离,氢键断裂,形成单链 DNA,以便它与引物结合,为下轮反应作准备。模板 DNA 完全变性与 PCR 酶的完全激活对 PCR 能否成功至关重要,变性时间过长会损伤 DNA 聚合酶的活性,过短靶序列变性不彻底,易造成扩增失败。一般循环中在 95 ℃条件下,30 秒足以使各种靶 DNA 完全变性。②模板 DNA 与引物的退火(复性):模板 DNA 经加热形成单链后,温度降至 25~65 ℃,引物与模板序列 DNA 单链的互补序列配对结合,形成局部双链。引物的退火温度对 PCR 的特异性有较大影响,需要从多方面去确定,一般根据引物的 T_m 值为参考[T_m 值 $= 4(G + C) + 2(A + T)$],根据扩增的长度适当下调作为退火温度。③引物的延伸:DNA 模板 – 引物结合物在 *Taq* DNA

聚合酶的用下（70~75 ℃，以 72 ℃左右 *Taq* DNA 聚合酶活性最佳），以 dNTP 为反应原料，靶序列为模板，从引物的 5′端→3′端延伸，按碱基互补配对与 DNA 半保留复制原理，合成一条新的、与模板 DNA 链互补的半保留复制连。以上 3 步经过变性、退火和延伸，形成一个组循环，而每一个循环 DNA 含量即增加一倍，重复循环变性—退火—延伸三个过程就可获得更多的"半保留复制链"，而且这种新链又可成为下次循环的模板。一般来说，大多数 PCR 设定为 25~40 个循环，循环数过多易产生非特异性扩增产物。因此，PCR 仪每完成一个循环需要 2~4 min，2~3 h 就能将待扩增的目的基因放大几百万倍。④最后的延伸：在最后一个循环后，反应在 72 ℃维持 5~15 min，使引物延伸完全，并使单链产物退火成双链。

标准的 PCR 反应体系需要 5 要素（表 3-1），包括引物（PCR 引物为 DNA 片段，通常为一段 RNA 链）、酶、dNTP、模板和反应缓冲液（其中需要含有 Mg^{2+}）。

表 3-1 标准的 PCR 反应体系

试剂	剂量
10×扩增缓冲液	10 μL
4 种 dNTP 混合物	200 μL
引物	10~100 μL
模板 DNA	0.1~2 μg
Taq DNA 聚合酶	2.5 μL
Mg^{2+}	1.5 mmol/L
超纯水（或双蒸水）	100 μL

PCR 反应体系中有两条引物，即正向引物（5′端引物）和反向引物（3′端引物）。引物设计时以靶 DNA 单链作为基准（DNA 序列信息可以在 Gene Bank 或 PDB 等数据库中查找），5′端引物与位于待扩增片段 5′端上的一小段 DNA 序列相同；3′端引物与位于待扩增片段 3′端的一小段 DNA 序列互补。

引物设计遵循一定的原则，具体为：①引物长度为 15~30 bp，一般以 20 bp 较为常用；②引物碱基 G+C 含量为 40%~60% 为宜，当 G+C 比例太少扩增效果不佳，而 G+C 含量过多时易出现非特异条带。A、T、G、C 最好随机分布，避免 5 个以上的嘌呤或嘧啶核苷酸的成串排列；③引物内部不应出现互补序列，避免产生发夹结构；④两个引物之间不应存在互补序列，尤其避免 3′端的互补重叠；⑤引物与非特异扩增区的序列的同源性不要超过 70%，引物 3′末端连续 8 个碱基在待扩增区以外不能有完全互补序列，否则易导致非特异性扩增；⑥引物 3′端的碱基，特别是最末及倒数第二个碱基，应严格要求配对，最佳选择是 G 或 C；⑦引物的 5′端可以修饰，比如可以加入限制性酶切位点，引入突变位点，用生物素、荧光物质、地高辛等物质标记，或者加入其他短序列，包括起始密码子、终止密码子等。目前，市面上有很多帮助进行引物设计的软件，如 Primer Premier 5.0，vOligo 6，vVector NTI Suit，vDNAsis，vOmiga，vDNAstar，vPrimer 3 等。

除了经典的 PCR 外,人们还根据各种用途设计了多种不同的 PCR。如:

① RT－PCR,即在 mRNA 反转录之后进行的 PCR。

② 反向 PCR,常规 PCR 允许扩增两引物之间的 DNA 区段,而反向 PCR 则可以对靶 DNA 区段之外的两侧未知的 DNA 序列进行扩增。

③ 不对称 PCR,常规 PCR 使用的引物浓度相同,而不对称 PCR 使用的引物浓度不同,两种引物浓度相差 100 倍。在最初 20 个循环中,主要产物是双链 DNA。当低浓度引物被耗尽后,高浓度引物引导的 PCR 就会产生大量单链 DNA,单链 DNA 可用于序列测定。

2. 琼脂糖凝胶电泳

琼脂糖凝胶电泳是分离、鉴定 DNA、RNA 分子混合物的方法,这种电泳方法以琼脂糖凝胶作为支持物,利用 DNA 分子在泳动时的电荷效应和分子筛效应,达到分离混合物的目的。该技术操作简便快速,可以分辨用其它方法(如密度梯度离心法)所无法分离的 DNA 片段。

琼脂糖是从海藻中提取出来的一种多聚多糖,是由 D－半乳糖和 L－半乳糖以 $\alpha-1,3$ 和 $\beta-1,4$ 糖苷键相连形成的线状高聚物。琼脂糖遇冷水膨胀,溶于热水成溶胶,冷却后成为孔径范围从 50 nm 到大于 200 nm 的凝胶。琼脂糖和聚丙烯酰胺可以制成各种形状、大小和孔隙度。琼脂糖凝胶分离 DNA 片度大小范围较广,不同浓度琼脂糖凝胶可分离长度在 0.2 ~ 50 kb 的 DNA 片段。琼脂糖通用水平装置在强度和方向恒定的电场下电泳。虽然聚丙烯酰胺分离小片段 DNA(5 ~ 500 bp)效果较好,其分辩力极高,甚至相差 1 bp 的 DNA 片段就能分开,且聚丙烯酰胺凝胶电泳很快,可容纳相对大量的 DNA,但制备和操作比琼脂糖凝胶困难,一般要采用垂直装置进行电泳。目前,一般实验室多用琼脂糖水平平板凝胶电泳装置进行 DNA 电泳。

DNA 分子在高于其等电点的溶液中带负电,在一定的电场强度下,带负电荷的 DNA 在电场中向阳极移动,当用低浓度的荧光嵌入染料溴化乙锭(EB)染色,在紫外光下至少可以检出 1 ~ 10 ng 的 DNA 条带,从而可以确定 DNA 片段在凝胶中的位置。此外,还可以从电泳后的凝胶中回收特定的 DNA 条带,用于以后的克隆操作。

DNA 分子在琼脂糖凝胶电场中的迁移速率由下列多种因素决定:①DNA 分子的大小。线状双链 DNA 分子在一定浓度琼脂糖凝胶中的迁移速率与 DNA 相对分子质量对数成反比,分子越大则所受阻力越大,也越难在凝胶孔隙中蠕行,因而迁移得越慢。②琼脂糖浓度。一个给定大小的线状 DNA 分子,其迁移速度在不同浓度的琼脂糖凝胶中各不相同。DNA 电泳迁移率的对数与凝胶浓度成线性关系。凝胶浓度的选择取决于 DNA 分子的大小。分离小于 0.5 kb 的 DNA 片段所需胶浓度是 1.2% ~ 1.5%,分离大于 10 kb 的 DNA 分子所需胶浓度为 0.3% ~ 0.7%,DNA 片段大小介于两者之间则需要胶浓度为 0.8% ~ 1.0%。③DNA 分子的构象。当 DNA 分子处于不同构象时,其在电场中移动距离不仅和相对分子质量有关,还和它本身构象有关。相同相对分子质量的线状、开环和超螺旋 DNA 在琼脂糖凝胶中移动速度是不一样的。例如,环形 DNA 分子样品,其中有三种构型的分子,包括共价闭合环状的超螺旋分子(cccDNA)、开环分子(ocDNA)和线性 DNA 分子(IDNA)。这三种不同构型分子进行电泳时的迁移速度大小顺序为:cccDNA > IDNA > ocDNA。④电源电压。在低电压时,线状 DNA 片段的迁移速率与所加电压成正比。但是随着电场强度的增加,不同相对分子质量的 DNA 片段的迁移率将以不同的幅度增长,片段越大,因场强升高引起的迁移率升高幅度也越大。因此电压增加后,琼脂糖凝胶的有效分离范围将缩小。一般说来,要使大于 2 kb 的 DNA 片段的分辨率达到最大,所加电压不得超过 5 V/cm。⑤嵌入染料的存在。荧光染料溴化乙锭用于检测琼脂糖凝胶中的 DNA,染料会嵌入到堆积的碱基对之间并拉长线状和带缺口的环状 DNA,使其刚性更强,还会使线状 DNA 迁移率降低 15 %。⑥离子强度影响。电泳缓冲液的组成及其离子强度影响 DNA 的电泳迁移率。在没有离子存在时(如误用蒸馏水配置凝胶),电导率最小,DNA 几乎不移动;在高离子强度的缓冲液中(如误加 10 × 电泳缓冲液),则电导很高并明显产热,严重时会引起凝胶熔化或 DNA 变性。

（三）器材与试剂

PCR 热循环扩增仪,琼脂糖凝胶电泳系统,微波炉或电炉,紫外投射仪或凝胶成像系统,电子天平,恒温水浴锅,台式高速离心机,照相机及其附件,微量移液枪(配套枪头),PCR 管,EP 管。

DNA 模板:编码 aFGF$_{19-154}$序列的 cDNA 序列由公司全 DNA 碱基合成或自行从现有菌株中提取获得(详细序列见附录二)。

琼脂糖(Agarose),溴化乙锭(EB),引物。

Taq DNA 聚合酶,3S 柱离心式琼脂糖 DNA 小量快速纯化试剂盒,DNA Marker DL 2000 + DL 15000。

（四）实验步骤

1. PCR 获得 aFGF cDNA

（1）PCR 及 DNA 电泳相关试剂和溶液

① 50 μmol/L 的引物母液:2 OD 装(66 μg)的引物用灭菌后的超纯水配成 50 μmol/L 的母液,−20 ℃冰箱中保存备用。工作浓度为 10 μmol/L。

② 50 × TAE:每升水溶液中含有 242 g Tris 碱,57.1 mL 无水乙酸,100 mL 0.5 mol/L EDTA(PH8.0)。用于琼脂糖电泳缓冲液或配置 DNA 凝胶时,可以稀释 50 倍,配成 1 × TAE 使用。

③ 溴化乙锭(110 mg/mL):在 100 mL 水中加入 1 g 溴化乙锭,搅拌数小时后使其完全溶解,然后用铝箔包裹容器,于室温下保存。

④ 6 × 电泳载样缓冲液:0.25 % 溴酚蓝,40 % 蔗糖水溶液(m/V),储存于 4 ℃。

⑤ DNA 相对分子质量标准品的制备:DNA 相对分子质量标准品可以购买,也可以自己制备。一般实验室可采用 *Eco*R Ⅰ 或 *Hind* Ⅲ 酶解所得的 λDNA 片段来作为电泳时的相对分子质量标准。λDNA 为长度约 50 kb 的双链 DNA 分子,其商品溶液浓度为 0.5 mg/mL。*Hind* Ⅲ切割 DNA 后得到 8 个片段,长度分别为 23.1,9.4,6.6,4.4,2.3,2.0,0.56 和 0.12 kb。*Eco*R Ⅰ 切割 DNA 后得到 6 个片段,长度为 21.2,7.4,5.8,5.6,4.9 和 2.5 kb。

（2）PCR 反应体系　在 PCR 反应管中按表 3 - 2 试剂配置 PCR 反应体系。

表 3 – 2　PCR 反应体系

试剂	剂量
10 × 扩增缓冲液(含 Mg^{2+})	10 μL
2.5 mmol/L dNTP 混合物	8 μL
引物 F1	2 μL
引物 R1	2 μL
模板 DNA	2 μL(约 1 μg)
Taq DNA 聚合酶	0.5 μL
超纯水或双蒸水	75.5 μL
总体积	100 μL

(3) PCR 反应条件　94 ℃变性 5 min;94 ℃ 30 s,55 ℃ 30 s,72 ℃ 30 s,共 30 个循环;72 ℃延伸 7 min。

2. DNA 电泳鉴定

(1) 取 50 × TAE 缓冲液 10 mL 加超纯水或双蒸水至 500 mL,配制成 1 × TAE 稀释缓冲液,待用。

(2) 胶液的制备　称取 0.6 g 琼脂糖,置于 200 mL 锥形瓶中,加入 40 mL 1 × TAE 稀释缓冲液,放入微波炉里(或电炉上)加热至琼脂糖全部熔化,取出摇匀,此为 1.5 % 琼脂糖凝胶液。加热过程中要不时摇动,使附于瓶壁上的琼脂糖颗粒进入溶液。加热时应盖上封口膜,以减少水份蒸发。

(3) 胶板的制备　将有机玻璃的电泳凝胶床洗净,晾干,两端分别用橡皮膏(宽约 1 cm)紧密封住。将封好的胶槽置于水平支持物上,插上样品梳子,注意观察梳子齿下缘应与胶槽底面保持 1 mm 左右的间隙。向冷却至 50 ~ 60 ℃的琼脂糖胶液中加入溴化乙锭(EB)溶液使其终浓度为 0.5 μg/mL(也可不把 EB 加入凝胶中,而是电泳后再用 0.5 μg/mL 的 EB 溶液浸泡染色)。用移液器吸取少量融化的琼脂糖凝胶封橡皮膏内侧,待琼脂糖溶液凝固后将剩余的琼脂糖小心地倒入胶槽内,使胶液形成均匀的胶层。倒胶时的温度不可太低,否则凝固不均匀,速度也不可太快,否则容易出现气泡。待胶完全凝固后拨出梳子,注意不要损伤梳底部的凝胶,然后向槽内加入 1 × TAE 稀释缓冲液至液面恰好没过胶板上表面。因边缘效应样品槽附近会有一些隆起,阻碍缓冲液进入样品槽中,所以要注意保证样品槽中应注满缓冲液。

(4) 加样　取 4 μL 扩增产物与 6 μL 超纯水(或双蒸水)、2 μL 6 × 上样缓冲液混匀,用微量移液枪小心加入样品槽中。若 DNA 含量偏低,则可依上述比例增加上样量,但总体积不可超过样品槽容量。每加完一个样品要更换枪头,以防止互相污染。注意上样时要小心操作,避免损坏凝胶或将样品槽底部凝胶刺穿。

(5) 电泳　加完样后,合上电泳槽盖,立即接通电源。控制电压保持在 60 ~ 80 V,电流在 40 mA 以上。当溴酚蓝条带移动到距凝胶前沿约 2 cm 时,停止电泳。

(6) 染色　未加 EB 的胶板在电泳完毕后移入 0.5 μg/mL 的 EB 溶液中,室温下染色

20 ~ 25 min。

（7）观察和拍照 在波长为 254 nm 的长波长紫外灯下观察染色后的或已加有 EB 的电泳胶板。DNA 存在处显示出肉眼可辨的桔红色荧光条带。紫光灯下观察时应戴上防护眼镜或有机玻璃面罩，以免损伤眼睛。经照相机镜头加上近摄镜片和红色滤光片后将相机固定于照相架上，采用全色胶片，光圈 5.6，曝光时间 10 ~ 120 s（根据荧光条带的深浅选择）。

3. PCR 产物纯化

从琼脂糖凝胶中回收 DNA，是一种简单的常规实验操作。但是由于胶回收的质量和数量直接影响后继的一系列实验，比如酶切连接、转化筛选、测序或者 PCR 扩增、标记以及显微注射等等，所以这一步的操作也显得非常重要。

胶回收的实验步骤：

（1）进行琼脂糖电泳，将特异电泳带用刀切下放入到 1.5 mL EP 管中，称量琼脂糖带的重量。

（2）按照每 200 mg 加 200 μL 琼脂糖凝胶回收试剂盒中的结合缓冲液（binding buffer），放入到 EP 管振荡器中，55 ~ 65 ℃温育振荡，直到所有的琼脂糖都溶解（耗时约 7 min）。

（3）取出纯化柱，将上述溶解液转移至柱中，并把纯化柱装在一个干净的收集管中。室温下放置 2 min，10 000 r/min 离心 1 min，弃 EP 管中的液体，将纯化柱放回 EP 管中。

（4）加 300 μL 试剂盒中的结合缓冲液至柱中，10 000 r/min 离心 1 min。弃管中的溶液。这一步相当关键，不要忽略。

（5）加 300 μL 试剂盒中的洗涤缓冲液（washing buffer）至柱中，10 000 r/min 离心 1 min。弃管中的溶液。（使用前必须注意是否按要求用无水乙醇进行稀释。）

（6）重复操作 5 步的操作 1 次，最后将纯化柱放入 EP 管中 10 000 r/min 离心 1 min，除去痕量的洗涤缓冲液。

（7）将纯化柱放入一个新的 EP 管。加 30 ~ 40 μL 超纯水（双蒸水）或者洗脱缓冲液（elution buffer）至纯化柱膜的中央，在 37 ℃或 50 ℃下放置 2 min，10 000 r/min 离心 1 min 洗脱 DNA，将 EP 管中的 DNA 溶液放在 -20 ℃保存。

二、DNA 的酶切、目的片段的纯化回收、表达载体连接

（一）实验目的

掌握 DNA 酶切、胶回收和片段连接的方法。

（二）实验原理

1. DNA 的限制性内切酶酶切

限制性内切酶能特异地结合于一段被称为限制性酶识别序列的 DNA 序列之内或其附近的特异位点上，并切割双链 DNA。它可分为三类：Ⅰ类和Ⅲ类酶在同一蛋白质分子中兼有切割和修饰（甲基化）作用且依赖于 ATP 的存在。Ⅰ类酶结合于识别位点并随机的切割识别位点不远处的 DNA，而Ⅲ类酶在识别位点上切割 DNA 分子，然后从底物上解离。Ⅱ类由两种酶组成：一种为限制性内切核酸酶（限制酶），它切割某一特异的核苷酸序列；另一种为独立的甲基化酶，它修饰同一识别序列。Ⅱ类中的限制性内切酶在分子克隆中得到了广

泛应用,它们是重组 DNA 的基础。绝大多数Ⅱ类限制酶识别长度为 4~6 个核苷酸的回文对称特异核苷酸序列(如 EcoR I 识别六个核苷酸序列:5′ – G↓AATTC – 3′),有少数酶识别更长的序列或简并序列。Ⅱ类酶切割位点在识别序列中,有的在对称轴处切割,产生平末端的 DNA 片段(如 Sma I :5′ – CCC↓GGG – 3′);有的切割位点在对称轴一侧,产生带有单链突出末端的 DNA 片段称粘性末端,如 EcoR I 切割识别序列后产生两个互补的粘性末端。

DNA 纯度、缓冲液、温度条件及限制性内切酶本身都会影响限制性内切酶的活性。大部分限制性内切酶不受 RNA 或单链 DNA 的影响。当微量的污染物进入限制性内切酶贮存液中时,会影响其进一步使用,因此在吸取限制性内切酶时,每次都要用新的吸管头。如果采用两种限制性内切酶,必须要注意分别提供各自的最适盐浓度。若两者可用同一缓冲液,则可同时水解。若需要不同的盐浓度,则低盐浓度的限制性内切酶必须首先使用,随后调节盐浓度,再用高盐浓度的限制性内切酶水解。也可在第一个酶切反应完成后,用等体积酚/氯仿抽提,加 0.1 倍体积 3 mol/L NaAc 和 2 倍体积无水乙醇,混匀后置 – 70 ℃低温冰箱 30 min,离心、干燥并重新溶于缓冲液后进行第二个酶切反应。

2. DNA 片段的纯化与连接

从琼脂糖凝胶中回收 DNA,是一种简单的常规实验操作。但是由于胶回收的质量和数量直接影响后继的一系列实验,比如酶切连接、转化筛选、测序或者 PCR 扩增、标记以及显微注射等等,所以这一步的操作也显得非常重要。一般采用市售 DNA 片段胶回收试剂盒进行 DNA 片段的纯化。

DNA 酶切片段的连接是两 DNA 片段相邻的 5′磷酸和 3′羟基间可有连接酶催化形成磷酸二酯键,这个连接反应在体外一般都有大肠杆菌 DNA 连接酶和 T4 DNA 连接酶催化,但是分子生物学试验中主要采用 T4 DNA 连接酶,因该酶在正常条件下,即能完成连接反应。

（三） **器材与试剂**

PCR 热循环扩增仪,琼脂糖凝胶电泳系统,微波炉或电炉,紫外投射仪或凝胶成像系统,电子天平,恒温水浴锅,台式高速离心机,照相机及其附件,微量移液枪(配套枪头),PCR 管,EP 管。

目的 DNA(由实验十二获得),质粒 pET3c,琼脂糖,溴化乙锭(EB)。

DNA 限制性内切酶 Nde I 、Bgl Ⅱ、BamH I,DNA Ligation Kit,3S 柱离心式琼脂糖 DNA小量快速纯化试剂盒,DNA Marker DL2000 + DL15000。

（四） **实验步骤**

1. PCR 产物和表达载体 pET3c 的双酶切

用 Nde I 和 Bgl Ⅱ双酶切 PCR 产物 DNA,用 Nde I 和 BamH I 双酶切表达载体pET3c,其中 Bgl Ⅱ和 BamH I 的黏末端一致,37 ℃水浴反应 3 h,反应体系见表 3 – 3、表3 – 4。酶切完毕后进行 DNA 琼脂糖电泳鉴定,采用上述的琼脂糖凝胶回收法进行特异性酶切产物的回收。

表 3 − 3　PCR 产物的双酶切反应体系

试剂	剂量
10 × H 缓冲液	3 μL
Nde I	3 μL
Bgl II	1 μL
aFGF$_{19-154}$ cDNA	4 μL
超纯水或双蒸水	19 μL
总体积	30 μL

表 3 − 4　质粒的双酶切反应体系

试剂	剂量
10 × K 缓冲液	3 μL
Nde I	1 μL
*Bam*H I	1 μL
pET3c	8 μL
超纯水或双蒸水	17 μL
总体积	30 μL

2. DNA 片段连接

将 PCR 产物 aFGF19 − 154 的酶切回收产物和表达载体 pET3c 酶切回收产物于 16 ℃中连接 1.5 h(或过夜),反应体系见表 3 − 5。连接反应后,DNA 产物 1.5 % 琼脂糖凝胶电泳分析,琼脂糖凝胶回收已连接好的重组质粒 pET3c − aFGF$_{19-154}$。

表 3 − 5　连接反应体系

试剂	剂量
aFGF19 − 154 DNA	3 μL
Nde I	1 μL
*Bam*H I	1 μL
pET3c	8 μL
超纯水或双蒸水	17 μL
总体积	30 μL

三、BL21(DE3)感受态的制备、重组质粒转化和表达菌筛选

(一)实验目的

1. 掌握氯化钙法制备大肠杆菌感受态细胞。

2. 掌握外源质粒 DNA 转入受体菌细胞的技术以及筛选转化体的技术。

（二）实验原理

1. 感受态细胞

感受态细胞指受体细胞经过一些特殊方法的处理后,如 $CaCl_2$ 等化学试剂法,细胞膜的通透性发生变化,成为能容许外源 DNA 载体分子通过的细胞。将构建好的载体转入感受态细胞进行表达,不仅可以检验重组载体是否构建成功,最主要的是感受态细胞作为重组载体的宿主,可以进行后续实验,如蛋白质表达纯化等工作。

制备感受态细胞的方法原理:将快速生长的大肠杆菌置于经低温(0 ℃)处理的低渗 $CaCl_2$ 溶液中,造成细胞膨胀,同时 Ca^{2+} 会使细胞膜磷脂双分子层形成液晶结构,促使细胞外膜与内膜间隙中的部分核酸酶解离开来,离开所在区域,诱导细胞成为感受态细胞。感受态细胞细胞膜通透性发生变化,极易与外源 DNA 相黏附并在细胞表面形成抗脱氧核糖核酸酶的羟基-磷酸钙复合物。此时将该复合物转移到 42 ℃下做短暂的热刺激(90 s),细胞膜的液晶结构会发生剧烈扰动,并随机出现许多间隙,外源 DNA 就可能被细胞吸收。进入细胞的外源 DNA 分子通过复制、表达,实现遗传信息的转移,使受体细胞出现新的遗传性状。将转化后的细胞在选择性培养基中培养,筛选出带有外源 DNA 分子的阳性克隆。

2. 转化

转化是将异源 DNA 分子引入细胞株系,使受体细胞获得新的遗传性状的一种手段,是基因工程等研究领域的基本实验技术。进入细胞的 DNA 分子通过复制表达,才能实现遗传信息的转移,使受体细胞出现新的遗传性状。转化过程所用的受体细胞一般是限制-修饰系统缺陷的变异株,即不含限制性内切酶和甲基化酶的突变株。

常用的转化方法包括:①化学的方法(热击法),使用化学试剂(如 $CaCl_2$)制备的感受态细胞,通过热击处理将载体 DNA 分子导入受体细胞;②电转化法,使用低盐缓冲液或水洗制备的感受态细胞,通过高压脉冲的作用将载体 DNA 分子导入受体细胞。

3. 克隆株的筛选

将经过转化后的细胞在选择性培养基中培养,才能较容易地筛选出转化体,即带有异源 DNA 分子的受体细胞。否则,如果将转化后的菌液涂在无选择性抗生素的培养基平板上,会出现成千上万的细菌菌落,将难以确认哪一个克隆含有转化的质粒。目前主要用不同抗生素基因筛选,常用的抗生素有氨苄青霉素、卡那霉素、氯霉素、四环素和链霉素等。值得注意的是虽然只有那些含有被转化质粒的细菌才能在含有抗生素的平板上生长和繁殖,但对于连接混合物而言,此时并不能确定那个克隆含有插入片段。

4. 重组质粒克隆的鉴定

鉴定带有重组质粒克隆的方法常用的有 α-互补、小规模制备质粒 DNA 进行酶切分析、插入失活、PCR 以及杂交筛选的方法。最常用的方法是小规模制备质粒 DNA 进行酶切分析。选用特异性的限制性内切酶对重组进行酶切,酶切片段在琼脂糖凝胶中电泳鉴定,对比酶切产物与预期片段的大小从而判断重组质粒的正确性。

对于带有 *LacZ* 基因的载体还可以结合 α-互补现象来筛选。因为许多载体都带有一个 *LacZ* 基因的调控序列和头 146 个氨基酸的编码信息,编码 α-互补肽,该肽段能与

宿主编码的缺陷型 β - 半乳糖苷酶实现基因内互补(α - 互补)。当这种载体转入可编码 β - 半乳糖苷酶 C 端部分序列的宿主细胞中时,在异丙基 - β - D 硫代半乳糖苷(IPTG)的诱导下,宿主可同时合成这两种肽段,虽然它们各自都没有酶活性,但它们可以融为一体形成具有酶活性的蛋白质,这种现象被称为 α - 互补现象。由互补产生的 β - 半乳糖苷酶(LacZ)能够作用于生色底物 5 - 溴 - 4 - 氯 - 3 - 吲哚 - β - D - 半乳糖苷(X - gal)而产生蓝色的菌落,所以利用这个特点,在载体的该基因编码序列之间人工放入一个多克隆位点,当插入一个外源 DNA 片段时,会造成 LacZ(α)基因的失活,破坏 α - 互补作用,就不能产生具有活性的酶。所以,有重组质粒的菌落为白色,而没有重组质粒的菌落为蓝色。

(三)器材与试剂

无菌超净台,电热恒温水浴,分光光度计,台式高速离心机,移液枪,全温度震荡培养箱等。

菌株 *E. coli* DH5α,重组质粒 pET3c - aFGF$_{19-154}$。

LB 培养基,氨苄青霉素,*Taq* DNA 聚合酶,DNA 限制性内切酶 *Nde* Ⅰ、*Bam*H Ⅰ,DNA Marker DL2000 + DL15000。

(四)实验步骤

1. 相关试剂和溶液的配置

(1) 50 μmol/L 的引物母液 2 OD 装(66 μg)的引物用灭菌后的超纯水配成 50 μmol/L 的母液,-20 ℃冰箱中保存备用。工作浓度为 10 μmol/L。

(2) 50$\times$TAE 每升水溶液中含有 242 g Tris 碱,57.1 mL 冰醋酸,100 mL 0.5 mol/L EDTA(pH 8.0)。用于琼脂糖电泳缓冲液或配置 DNA 凝胶时,可以稀释 50 倍,配成 1$\times$ TAE 使用。

(3) 溴化乙锭(110 mg/mL) 在 100 mL 水中加入 1 g 溴化乙锭,搅拌数小时后使其完全溶解,然后用铝箔包裹容器,于室温下保存。

(4) 6$\times$电泳载样缓冲液 0.25 %溴酚蓝,40 %(m/V)蔗糖溶液,储存于 4 ℃。

(5) DNA 相对分子质量标准品的制备 购买或自行制备。

(6) LB 液体培养基 100 mL 的去离子水中加入 1 g TRYPTONE(蛋白胨),0.5 g YEAST(酵母提取物)和 0.5 g NaCl,搅拌溶解后,高压灭菌,4 ℃保存。

(7) LB 固体培养基(含有 100 μg/mL 氨苄青霉素) 100 mL 的去离子水中加入 1 g TRYPTONE,0.5 g YEAST,0.5 g NaCl 和 1.5 g 的琼脂粉,高压灭菌。稍冷却后无菌操作的条件下,加入浓度为 100 μg/mL 氨苄青霉素 100 μL,摇匀后倒入培养皿中。培养基完全冷却凝结后置于 4 ℃冰箱中保存。

(8) 100 mg/mL 氨苄青霉素 1 g 氨苄青霉素粉末溶于 10 mL 的灭菌超纯水中,过滤除菌后 -20 ℃保存。工作浓度为 100 μg/mL。

(9) 50 %甘油 50 mL 100 %甘油(丙三醇)溶于 50 mL 的超纯水中,高压灭菌。

(10) 0.1 mol/L CaCl$_2$ 100 mL 去离子水中含有 1.11 g 无水 CaCl$_2$,高压灭菌。

(11) 1 mol/L IPTG 2.383 0 g IPTG 溶于 10 mL 灭菌水中,除菌过滤,-20 ℃保存。工作浓度为 0.1 mmol/L。

2. 感受态细胞的制备

按 1∶100 的比例接种 *E. coli* DH5α 到 LB 液体培养基中,37 ℃ 220 r/min 振荡培养过夜(约 9 h)。次日取菌,按 1∶25 比例接种于新鲜 LB 培养基中,37 ℃ 250 r/min 振荡摇培约 2～3 h(OD$_{600}$ 为 0.6～0.8)。然后把菌液置于冰上冰浴 10 min,将菌液分装至预冷的 EP 管中,每管 1 mL,以 5 000 r/min 的转速 4 ℃ 离心 2 min。去除上清液,加 0.1 mol/L CaCl$_2$ 500 μL,轻轻混匀菌液。然后再次以 5 000 r/min 的转速,4 ℃ 离心 2 min,去除上清液后加 0.1 mol/L CaCl$_2$ 500 μL,轻轻混匀菌液。把菌液置于冰上冰浴 15 min,然后在 4 ℃ 的条件下 5 000 r/min 离心 2 min。去除上清,加 0.1 mol/L CaCl$_2$ 100 μL 重悬即得 DH5α 感受态细胞。

3. 重组质粒的转化

取 2 μL 重组质粒加入到 50 μL DH5α 感受态细胞中,轻轻打匀,4 ℃ 冰浴 30 min。然后 42 ℃ 水浴 90 s,马上置于冰上 5 min。然后每管菌液加 450 μL 新鲜 LB 培养基,37 ℃ 170 r/min 振荡摇培 1 h。然后取 100 μL 菌液涂在含有氨苄青霉素抗性的 LB 固体培养基平板中。将涂布好的平皿置室温 15 min,使涂布的菌液不再流动。倒置放于 37 ℃ 恒温培养箱中培养过夜。次日从每个平板中挑取生长良好的单菌落,接种于新鲜 LB 液体培养基(含有 100 μg/mL 的氨苄青霉素)中,37 ℃ 220 r/min 振摇培养过夜。次日取菌,按 1∶100 比例接种于同样培养基,37 ℃ 250 r/min 振摇培养 3 h 后提取重组质粒以备鉴定。

4. 表达菌株的筛选

挑取若干个转化菌落,提取质粒,以稀释 100 倍的质粒作为模板进行 PCR 反应鉴定重组质粒,鉴定 pET3c-aFGF$_{19-154}$ 质粒使用引物 F1 及 R1,详细 PCR 反应体系见表 3-6,反应条件:94 ℃ 变性 5 min:94 ℃ 30 s,55 ℃ 30 s,72 ℃ 30 s,共 30 个循环;72 ℃ 延伸 7 min。通过 1.0% 琼脂糖凝胶电泳能检测 PCR 结果,可扩增得到预测长度片段的质粒进行第二步双酶切鉴定。

用 *Nde* I 和 *Bam*H I 双酶切重组载体 pET3c-aFGF$_{19-154}$,反应体系见表 3-7。酶切完毕后进行 DNA 琼脂糖电泳鉴定,可酶切得到预测长度片段的质粒为正确构建质粒。

表 3-6 PCR 反应体系

试剂	剂量
10×扩增缓冲液(含 Mg^{2+})	10 μL
2.5 mmol/L dNTP 混合物	8 μL
引物 F1	2 μL
引物 R1	2 μL
模板 DNA	2 μL(约 1 μg)
Taq DNA 聚合酶	0.5 μL
超纯水或双蒸水	75.5 μL
总体积	100 μL

表 3－7　质粒的双酶切反应体系

试剂	剂量
10×K 缓冲液	3 μL
Nde I	1 μL
*Bam*H I	1 μL
pET3c－aFGF$_{19-154}$	8 μL
超纯水或双蒸水	17 μL
总体积	30 μL

四、外源基因的诱导表达的优化与小批量发酵

（一）实验目的

1. 通过本实验了解外源基因在原核细胞中表达的特点和方法。

2. 掌握 SDS－聚丙烯酰胺凝胶电泳的制备及分离原理。

（二）实验原理

1. 外源基因在大肠杆菌中的表达

把外源基因（可通过 PCR，化学合成或直接从自然材料中分离获得）克隆到表达载体的 lac 启动子下游，与表达质粒载体连接构成重组体，经 CaCl$_2$ 法转化导入受体大肠杆菌细胞内。诱导前，宿主菌中 *lacI* 产生的阻遏蛋白与 *lacI* 操纵基因结合，从而不能进行外源基因的转录与表达，此时宿主菌正常生长。当培养基含有 lac 操纵子的诱导物 IPTG（异丙基硫代－β－D 半乳糖）时，阻遏蛋白不能与操纵基因结合，lac 启动子被诱导而启动其下游基因进行表达，从而在大肠杆菌细胞中产生外源基因产物。通过电泳可检测表达产物蛋白的存在并估计其表达量，也可以通过检测表达产物的生物活性从而了解产物的有效性。

常见的原核表达载体有：非融合表达蛋白载体 pKK223－3、分泌型克隆表达载体 PIN Ⅲ系统、融合蛋白载体 pGEMX 系统、融合表达系统 pET 系统等。

外源基因在原核生物中表达时应注意：①通过表达载体将外源基因导入宿主菌，并指导宿主菌的酶系统合成外源蛋白；②外源基因不能带有间隔序列（内含子），因而必须用 cDNA 或化学合成的基因，不能用基因组 DNA。③必须利用原核细胞的强启动子和 S－D 序列等调控元件调控外源基因的表达。④外源基因与表达载体连接后，必须形成正确的开放阅读框架。⑤利用宿主菌的调控系统，调节外源基因的表达，防止表达的外源基因产物对宿主的毒害。

2. 聚丙烯酰胺凝胶电泳

聚丙烯酰胺凝胶电泳是用于分离蛋白质和寡核苷酸的常用手段，以聚丙烯酰胺凝胶作为支持介质的一种常用电泳技术。聚丙烯酰胺由单体丙烯酰胺和甲叉双丙烯酰胺聚合而成，聚合过程由自由基催化完成。催化聚合的常用方法有化学聚合法和光聚合法。化学聚合以过硫酸铵（AP）为催化剂，以四甲基乙二胺（TEMED）为加速剂。在聚合过程中，TEMED 催化过硫酸铵产生自由基，后者引发丙烯酰胺单体聚合，同时甲叉双丙烯酰胺与丙

烯酰胺链间产生甲叉键交联,从而形成三维网状结构。

具有三维网状结构的聚丙烯酰胺凝胶有分子筛效应。它有两种形式:非变性聚丙烯酰胺凝胶及 SDS - 聚丙烯酰胺凝胶(SDS - PAGE)。非变性聚丙烯酰胺凝胶,在电泳的过程中,蛋白质能够保持完整状态,并依据蛋白质的相对分子质量大小、蛋白质的形状及其所附带的电荷量而逐渐呈梯度分开。而 SDS - PAGE 仅根据蛋白质亚基相对分子质量的不同就可以分开蛋白质。SDS 是阴离子去污剂,作为变性剂和助溶试剂,它能断裂分子和分子间的氢键,使分子去折叠,破坏蛋白分子的二、三级结构。而强还原剂如巯基乙醇,二硫苏糖醇能使半胱氨酸残基间的二硫键断裂。在蛋白样品和凝胶中加入还原剂和 SDS 后,分子被解聚成多肽链,解聚后的氨基酸侧链和 SDS 结合成蛋白 - SDS 胶束,所带的负电荷大大超过了蛋白原有的电荷量,这样就消除了不同分子间的电荷差异和结构差异。

SDS - PAGE 一般采用的是不连续缓冲系统,与连续缓冲系统相比,能够有较高的分辨率。浓缩胶的作用是有堆积作用,凝胶浓度较小,孔径较大,把较稀的样品加在浓缩胶上,经过大孔径凝胶的迁移作用而被浓缩至一个狭窄的区带。当样品液和浓缩胶选 TRIS/HCL 缓冲液,电极液选 TRIS/甘氨酸。电泳开始后,HCL 解离成氯离子,甘氨酸解离出少量的甘氨酸根离子。蛋白质带负电荷,因此一起向正极移动,其中氯离子最快,甘氨酸根离子最慢,蛋白居中。电泳开始时氯离子泳动率最大,超过蛋白,因此在后面形成低电导区,而电场强度与低电导区成反比,因而产生较高的电场强度,使蛋白和甘氨酸根离子迅速移动,形成以稳定的界面,使蛋白聚集在移动界面附近,浓缩成一中间层。此鉴定方法中,蛋白质的迁移率主要取决于它的相对分子质量,而与所带电荷和分子形状无关。

(三)器材与试剂

全温度震荡培养箱,蛋白电泳槽及电源,脱色摇床,超净工作台,台式高速离心机,高压灭菌锅,凝胶成像系统等。

筛选鉴定后含有重组质粒,大肠杆菌 BL21(DE3)。

菌株 *E. coli* BL21(DE3),重组质粒 pET3c - aFGF$_{19-154}$(可由实验十四获得)。

LB 培养基,氨苄青霉素,IPTG,丙烯酰胺,甲叉双丙烯酰胺,过硫酸铵,四甲基乙二胺等。

(四)实验步骤

1. 配制相关试剂和溶液

(1) LB 液体培养基 100 mL 的去离子水中加入 1 g 蛋白胨,0.5 g 酵母提取物和 0.5 g NaCl,搅拌溶解后,高压灭菌,4 ℃保存。

(2) LB 固体培养基(含有 100 μg/mL 氨苄青霉素抗性) 100 mL 的去离子水中加入 1 g 蛋白胨,0.5 g 酵母提取物,0.5 g NaCl 和 1.5 g 的琼脂粉,高压灭菌。稍冷却后无菌操作的条件下,加入浓度为 100 μg/mL 氨苄青霉素 100 μL,摇匀后倒入培养皿中。培养基完全冷却凝结后置于 4 ℃冰箱中保存。

(3) 100 mg/mL 氨苄青霉素 1 g 氨苄青霉素粉末溶于 10 mL 的灭菌超纯水中,过滤除菌后 -20 ℃保存。工作浓度为 100 μg/mL。

(4) 50 % 甘油 50 mL 100 % 甘油(丙三醇)溶于 50 mL 的超纯水中,高压灭菌。

(5) 0.1 mol/L CaCl$_2$ 100 mL 去离子水中含有 1.11 g 无水 CaCl$_2$,高压灭菌。

（6）1 mol/L IPTG　2.383 0 g IPTG 溶于 10 mL 灭菌水中,除菌过滤,−20 ℃保存。工作浓度为 0.1 mmol/L。

（7）10 % 过硫酸胺　1 mL 的超纯水中含有 0.1 g 过硫酸胺,4 ℃保存,有效期为三天。

（8）10 % SDS　称取 10 g 固体 SDS,加到 90 mL 水中,并加热助溶,使用浓 HCl 调节 pH 至 7.2,加水定容至 100 mL。

（9）1.5 mol/L Tris(pH 8.8)　80 mL 水中加入 18.17 g Tris 碱,用浓盐酸调节 pH 至 8.8,加水定容至 100 mL。

（10）0.5 mol/L Tris(pH 6.8)　80 mL 水中加入 6.06 g Tris 碱,用浓盐酸调节 pH 至 6.8,加水定容至 100 mL。

（11）30 % 丙烯酰胺溶液　100 mL 去离子水中加入丙烯酰胺 30 g 和甲叉双丙烯酰胺 0.8 g。37 ℃热溶,滤纸过滤,冷却后 4 ℃保存。

（12）考马斯亮蓝染色液　450 mL 超纯水中含有甲醇 450 mL、无水乙酸 100 mL 和考马斯亮蓝 R250 2.5 g,搅拌溶解后即可。

（13）SDS−聚丙烯酰胺凝胶蛋白电泳脱色液　无水乙酸 100 mL,甲醇 300 mL 和超纯水 600 mL,混匀后即得。

（14）10×SDS−聚丙烯酰胺蛋白电泳缓冲液　1 L 去离子水中含有 30.2 g Tris 碱、甘氨酸 144 g 和 SDS 10 g,50 ℃热溶。工作浓度为 1×SDS−聚丙烯胺蛋白电泳缓冲液。

（15）2×SDS 上样缓冲液　缓冲液中含有 Tris·HCl(pH 6.8)100 mmol/L,4 %(m/V)SDS,0.2 %(m/V)溴酚蓝,20 %(m/V)甘油,5 %(m/V)巯基乙醇。

2. 感受态细胞的制备

按 1∶100 的比例接种 E. coli BL21(DE3)到 LB 液体培养基中,37 ℃ 220 r/min 振荡培养过夜(约 9 h)。次日取菌,按 1∶100 比例接种于新鲜 LB 培养基中,37 ℃ 250 r/min 振荡摇培约 2～3 h(OD_{600} 为 0.6～0.8)。然后把菌液置于冰上冰浴 10 min,将菌液分装至预冷的 EP 管中,每管 1 mL,以 5 000 r/min 的转速 4 ℃离心 2 min。去除上清,加 0.1 mol/L $CaCl_2$ 500 μL,轻轻混匀菌液。然后再次以 5 000 r/min 的转速,4 ℃离心 2 min,去除上清液后加 0.1 mol/L $CaCl_2$ 500 μL,轻轻混匀菌液。把菌液置于冰上冰浴 15 min,然后在 4 ℃的条件下 5 000 r/min 离心 2 min。去除上清液,加 0.1 mol/L $CaCl_2$ 100 μL 重悬即得 BL21(DE3)感受态细胞。

3. 重组质粒的转化

取 2 μL 经 PCR 及双酶切鉴定的重组质粒加入到 50 μL BL21(DE3)感受态细胞中,轻轻打匀,4 ℃冰浴 30 min。然后 42 ℃水浴 90 s,马上置于冰上 2 min。然后每管菌液加 450 μL 新鲜 LB 培养基,37 ℃ 170 r/min 振荡摇培 1 h。然后取 100 μL 菌液涂在含有氨苄青霉素抗性的 LB 固体培养基平板中。将涂布好的平皿置室温 15 min,使涂布的菌液不再流动。倒置放于 37 ℃恒温培养箱中培养过夜。次日从每个平板中挑取生长良好的单菌落,接种于新鲜 LB 液体培养基(含有 100 μg/mL 的氨苄青霉素)中,37 ℃ 220 r/min 振摇培养过夜。次日取菌,按 1∶25 比例接种于同样培养基,37 ℃ 250 r/min 振摇培养 3 h 后提取重组质粒以备鉴定。

4. 表达菌株的筛选

挑取若干个转化菌落,提取质粒,以稀释 100 倍的质粒作为模板进行 PCR 反应鉴定重组质粒,鉴定 pET3c – aFGF$_{19-154}$质粒使用引物 F1 及 R1,详细 PCR 反应体系见表 3 – 8,反应条件:94 ℃变性 5 min;94 ℃ 30 s,55 ℃ 30 s,72 ℃ 30 s,共 30 个循环;72 ℃延伸 7 min。通过 1.0% 琼脂糖凝胶电泳能检测 PCR 结果,可扩增得到预测长度片段的质粒为成功转化的菌株。

表 3 – 8　PCR 反应体系

试剂	剂量
10 × 扩增缓冲液(含 Mg^{2+})	10 μL
2.5 mmol/L dNTP 混合物	8 μL
引物 F1	2 μL
引物 R1	2 μL
模板 DNA	2 μL(约 1 μg)
Taq DNA 聚合酶	0.5 μL
超纯水或双蒸水	75.5 μL
总体积	100 μL

5. 克隆菌株的诱导表达

重组质粒 pET3c – aFGF$_{19-154}$转化大肠杆菌 BL21(DE3),各挑 6 个含有目的基因的单克隆,按 1:100 的比例接种于 5 mL 含有 100 μg/mL 卡氨苄青霉素的 LB 液体培养基中,37 ℃ 220 r/min 摇培过夜,次日按 1:100 的比例取过夜摇培的菌液接种于 5 mL 新鲜的含卡那霉素抗性的 LB 液体培养基中,250 r/min 摇培 2~3 h。当 OD$_{600}$达到 0.6~0.8,取样 1 mL。加入 IPTG 至终浓度为 1 mmol/L,于 37 ℃振荡培养 6 h,分别取样 1 mL;取样菌液以 12 000 r/min 离心 1 min,收集菌体,12% SDS – PAGE 电泳,筛选出高表达的克隆。

6. 蛋白的 SDS – 聚丙烯酰胺凝胶电泳分析

按照 BIO – RAD 公司蛋白质电泳操作说明书安装好玻璃板。配制 12% SDS – PAGE 分离胶(配方见表 3 – 9),迅速加至已安装好的两玻璃板的间隙中,流出灌注积层胶所需空间(梳子的齿长再加 1 cm)。加水至玻璃板的边缘,室温垂直放置。待分离胶完全聚合后,倾出覆盖层液体,用纸巾的边缘吸净残留液体。配制 5% 的浓缩胶,在已聚合的分离胶上灌注浓缩胶,立即在浓缩胶溶液中插入干净的梳子,小心避免混入气泡,室温垂直放置。

步骤 5 中获得的蛋白样品加 50 μL 的 5% SDS 溶液,混匀,再加 50 μL 的 SDS – PAGE 2 × 上样缓冲液混匀,100 ℃煮沸 10 min,12 000 r/min 离心 10 min,备用。

待浓缩胶完全聚合之后,小心取出梳子,除去未聚合的丙稀酰胺,并固定于电泳槽上,上下槽各加入 1 × SDS – PAGE 电泳缓冲液。按预定的顺序加样,连接好电源,按衡压方式进行电泳。电泳条件:开始时衡压 80 V,当溴酚蓝前沿进入分离胶时,电压提高到 120 V,继续电泳直至溴酚蓝到达分离胶底部,关闭电源,停止电泳。从电泳装置上御下玻璃板,标记凝胶方向,考马斯亮蓝染色 2~3 h,脱色液脱色分析。筛选出 aFGF$_{19-154}$高表达的工程菌

E. coli BL21(DE3)/pET3c - aFGF$_{19-154}$。

表3-9 分离胶(12%)与浓缩胶配制表

溶液	分离胶	浓缩胶
超纯水	3.3 mL	2.7 mL
1.5 mol/L Tris(pH8.8)	2.5 mL	-
0.5 mol/L Tris(pH6.8)	-	500 μL
30%丙稀酰胺溶液	4 mL	670 μL
10×SDS 电泳缓冲液	100 μL	40 μL
10%过硫酸胺	100 μL	40 μL
TEMED 溶液	4 μL	4 μL

7. 重组蛋白 aFGF$_{19-154}$表达条件的选择

挑取表达菌 *E. coli* BL21(DE3)/pET3c - aFGF$_{19-154}$的高效表达克隆菌株,按1∶100的比例接种于5 mL含有100 μg/mL氨苄青霉素的LB液体培养基中,37 ℃ 220 r/min摇培过夜,次日按1∶100的比例取过夜摇培的菌液接种于7 mL新鲜的含卡那霉素抗性LB液体培养基中,250 r/min摇培3 h。当OD$_{600}$达到0.6~0.8,取样1 mL。加入IPTG至终浓度为1 mmol/L,分别于37 ℃、27 ℃和17 ℃振荡培养。37 ℃温度系列分别于2、3、4、5及6 h取样1 mL,27 ℃温度系列分别于3、4、5、6及7 h取样1 mL,17 ℃分别于12、15、18、20及24 h取样1 mL;取样菌液以12 000 r/min离心1 min,收集菌体,样品进行12%SDS - PAGE电泳,筛选出最佳表达条件。

8. 工程菌的裂解和目的蛋白表达形式的确定

筛选得到的高表达克隆菌分别于37 ℃、27 ℃和17 ℃中诱导表达目的蛋白,每管取1 mL菌液,12 000 r/min离心2 min收集菌体。菌体在-80 ℃冰箱中冻存过夜,次日取出,每管加入100 μL灭菌超纯水和5 μL溶菌酶,在液氮罐中反复冻融三次,每次3 min。然后取注射器吹打冻融得到的凝胶状物,4 ℃ 18 000 r/min离心10 min,分别收集上清和沉淀样品进行12%SDS - PAGE电泳鉴定。

9. 工程菌的小批量发酵

在IPTG诱导表达目的蛋白动力学分析的基础上,对工程菌 *E. coli* BL21(DE3)/pET3c - aFGF$_{19-154}$进行摇瓶发酵(每种工程菌发酵1 L)。将种子菌液按1.2%的接种量接种到含有氨苄青霉素的50 mL的LB培养基中摇瓶培养16 h,在按2%的转重量转种到1 L三角瓶中(装液量为200 mL,共5瓶),37 ℃、230 r/min摇瓶培养3 h时添加IPTG,至终浓度为1 mmol/L,30 ℃,220 r/min继续摇培7 h,离心2 min(4 ℃,12 000 r/min),收获菌体,将每升菌液收集的菌体沉淀分别按1∶10(*m/V*)的比例重悬于0.01 mol/L的PBS中。

五、表达菌的破碎、目的蛋白的分离纯化与冻干

(一)实验目的

1. 掌握亲和层析法纯化蛋白的原理与操作方法。

2. 掌握真空冷冻干燥技术制备蛋白质药品的方法。

（二）实验原理

1. 离子交换层析法

离子交换层析法(ion exchange chromatography, IEC)是从复杂的复合物中,分离性质相似大分子的方法之一,依据的原理是物质的酸碱性、极性,也就是所带阴离子的不同。电荷不同的物质对管柱上的离子交换剂有不同的亲和力,改变冲洗液的离子强度和 pH,物质就能依次从层析柱中分离出来。

离子交换层析作用是指一个溶液(流动相)中的某一种离子与一个固体(固定相)中的另一种具有相同电荷的离子相互调换位置。用作固定相的离子交换剂种类很多,用于蛋白质分离纯化的有各种离子交换纤维素和各种类型的离子交换葡聚糖。它们都具有开放性的长链骨架,大分子能自由地进入和迅速地扩散,它们有较大的表面,故对大分子的吸附容量大,而离子交换纤维素上的离子交换基团较少,排列疏散,对大分子的吸附不太牢固,用较温和的条件就能将其洗脱下来,因此,不致隐去大分子的变性,是蛋白质分离纯化常用的方法。

离子交换层析法大致分为 5 个步骤:①离子扩散到树脂表面。②离子通过树脂扩散到交换位置。③在交换位置进行离子交换,被交换的分子所带电荷愈多,它与树脂的结合愈紧密,也就越不容易被其它离子取代。④被交换的离子扩散到树脂表面。⑤灌注冲洗液,被交换的离子扩散到外部溶液中。

离子交换树脂的交换反应是可逆的,遵循化学平衡的规律,定量的混合物通过管柱时,离子不断被交换,浓度逐渐降低,几乎全部都能被吸附在树脂上。在冲洗的过程中,由于连续添加新的交换溶液,所以会朝正反应方向移动,因而可以把树脂上的离子冲洗下来。

当溶液的 pH 较低,氨基酸分子带正电荷,它将结合到强酸性的阳离子交换树脂上;随着通过的缓冲液 pH 逐渐增加,氨基酸将逐渐失去正电荷,结合力减弱,最后被洗下来。由于不同的氨基酸等电点不同,这些氨基酸将依次被洗出,最先被洗出的是酸性氨基酸,如 apartic acid 和 glutamic acid(在约 pH 3～4 时),随后是中性氨基酸,如 glycine 和 alanine。碱性氨基酸如 arginine 和 lysine 在 pH 很高的缓冲液中仍带有正电荷,因此这些在约 pH 高达 10～11 时才出现。

2. 亲和层析

根据生物分子之间亲和吸附和解离的原理而建立的层析法称亲和层析法。该技术利用蛋白质等高分子化合物能与某些相对应的特异分子可逆结合的特性,通过亲和层析法可将不同的蛋白质分开,达到纯化的目的。亲和层析法操作简单、快速,具有高度的吸附特异性,特别对分离含量极少而不稳定的活性物质最为有效,是一种理想有效的分离纯化蛋白质的方法。

某种能与待纯化的蛋白质特异而非共价结合的物质称为配基。理想的配基应具有以下基本特性:①不溶于水,但高度亲水;②惰性物质,非特异性吸附少;③具有相当量的化学基团可供活化;④理化性质稳定;⑤机械性能好,具有一定的颗粒形式以保持一定的流速;⑥通透性好,最好为多孔的网状结果,使大分子能自由通过;⑦能抵抗微生物和醇的作用。而固相载体有聚丙烯酰胺凝胶、淀粉凝胶、葡聚糖凝胶、纤维素和琼脂糖凝胶。琼脂糖凝胶的优点是亲水性强,理化性质稳定,不受细菌和酶的作用,具有疏松的网状结构,在缓冲液离子浓度大于 0.05 mol/L 时,对蛋白质几乎没有非特异性吸附。琼脂糖凝胶极易被溴化氢活化,活化后性质稳定,能经受层析的各种条件,不引起性质改变,故易于再生和反复使用。

3. 蛋白质的冻干

药品冷冻干燥是指把药品溶液在低温下冻结,然后在真空条件下升华干燥,除去冰晶,待升华结束后再进行解吸干燥,除去部分结合水的干燥方法。该过程主要可分为:药品准备、预冻、一次干燥(升华干燥)和二次干燥(解吸干燥)、密封保存等 5 个步骤。药品按上述方法冻干后,可在室温下避光长期储存,需要使用时,加蒸馏水或生理盐水制成悬浮液,即可恢复到冻干前的状态。

由于冻干药品呈多孔状、能长时间稳定储存、并易重新复水而恢复活性,因此冷冻干燥技术广泛应用于制备固定蛋白质药物、口服速溶药物及药物包埋剂脂质体等药品。

与其他干燥方法相比,药品冷冻干燥法具有以下的优点:①药液在冻结前分装,剂量准确;②在低温下干燥,能使被干燥药品中的热敏物质保留下来;③在低压下干燥,被干燥药品不易氧化变质,同时能因缺氧而灭菌或抑制某些细菌的活力;④冻结时被干燥药品可形成"骨架",干燥后能保持原形,形成多孔结构而且颜色基本不变;⑤复水性好,冻干药品可迅速吸水还原成冻干前的状态;⑥脱水彻底,适合长途运输和长期保存。虽然药品冷冻干燥具有上述优点,但是干燥速率低、干燥时间长、干燥过程能耗高和干燥设备投资大等仍是该技术的突出缺点。

药品冷冻干燥时一个多步骤过程,会产生多种应力使药品变性,如低温应力、冻结应力和干燥应力。其中冻结应力又可分为枝状冰晶的形成,离子浓度的增加,pH 的改变和相分离等情况。因此,为了保护药品的活性,通常在药品配方中添加活性物质的保护剂。常用的保护剂有如下几种物质:①糖类/多元醇:蔗糖、海藻糖、甘露醇、乳糖、葡萄糖、麦芽糖等;②聚合物:HES、PVP、PEG、葡萄糖、白蛋白等;③无水溶剂:乙烯乙二醇、甘油、DMSO、DMF等;④表面活性剂:吐温 80 等;⑤氨基酸:L-丝氨酸、谷氨酸钠、丙氨酸、甘氨酸、肌氨酸等;⑥盐和胺:磷酸盐、乙酸盐、柠檬酸盐等。此外,由于药品冷冻干燥过程中会产生多种应力,对冻干药品的药性有很大的影响,因此对药品冷冻干燥过程进行合理设计,对于减少冻干损伤和提高冻干药品的质量有重大的意义。

(三) 器材与试剂

高速台式冷冻离心机,低温冰箱,超声波细胞粉碎机,数控层析冷柜,核酸蛋白检测仪,小型台式记录仪,恒流泵,蛋白电泳槽及电源,冷冻干燥机。

工程菌 *E. coli* BL21(DE3),pET3c - aFGF$_{19-154}$菌体。

CM 离子柱,肝素亲和层析柱。

(四) 实验步骤

1. 配置相关试剂与溶液

(1) 1 mol/L NaH$_2$PO$_4$溶液 称取 187.2 g NaH$_2$PO$_4$·2H$_2$O,加入 800 mL 去离子水,并加热溶解,用 0.45 μm 的滤膜过滤除去杂质,加去离子水定容至 1 200 mL。121 ℃高压灭菌30 min,室温保存。

(2) 1 mol/L Na$_2$HPO$_4$溶液 称取 1 074.4 g Na$_2$HPO$_4$·12H$_2$O,加入 1 000 mL 去离子

水,并加热溶解,过滤除去杂质,加去离子水定容至 3 000 mL。121 ℃高压灭菌 30 min,室温保存。

(3) 1 mol/L PB 溶液　用 1 M NaH$_2$PO$_4$ · 2H$_2$O 溶液调节 1 mol/L Na$_2$HPO$_4$ · 12H$_2$O 溶液,用 pH 计测试 pH 至 7.0,所得溶液即为 1 mol/L PB。工作浓度为 50 mmol/L PB。

(4) 0.1 mol/L NaCl 溶液　称取 NaCl 23.4 g,加入 800 mL 50 mmol/L PB,并加热溶解,过滤除去杂质,加 50 mmol/L PB 定容至 4 000 mL,4 ℃保存。

(5) 0.6 mol/L NaCl 溶液　称取 NaCl 140.4 g,加入 1 000 mL 50 mmol/L PB,并加热溶解,过滤除去杂质,加 50 mmol/L PB 定容至 4 000 mL,4 ℃保存。

(6) 1.2 mol/L NaCl 溶液　称取 NaCl 140.4 g,加入 1 000 mL 50 mmol/L PB,并加热溶解,过滤除去杂质,加 50 mmol/L PB 定容至 2 000 mL,4 ℃保存。

(7) 洗涤缓冲液　1 000 mL 去离子水中加入 Na$_2$HPO$_4$ · 12H$_2$O 4.37 g,NaH$_2$PO$_4$ · 2H$_2$O 1.2 g 和 NaCl 35.06 g,0.45 μm 的微孔滤膜过滤,4 ℃保存备用。

(8) 洗脱缓冲液　500 mL 去离子水中加入 Na$_2$HPO$_4$ · 12H$_2$O 2.18 g,NaH$_2$PO$_4$ · 2H$_2$O 0.6 g 和 NaCl 52.6 g,0.45 μm 的微孔滤膜过滤,4 ℃保存备用。

2. 菌体的超声破碎

重悬菌液于冰盐浴中间歇超声破碎,超声波功率为 500 W,超声程序为每工作 6 s,间隔 9 s,全程 30 min。超声结束后 4 ℃ 18 000 r/min 离心 20 min,收集上清,沉淀用 20 mL PBS 重悬,上清及沉淀重悬液分别取样进行 12 % SDS - PAGE 电泳鉴定,确定融合蛋白的表达形式。

3. CM 离子亲和层析

(1) 打开 UV 检测器,设置检测波长为 280 nm,灵敏度为 0.2,预热 1 h。

(2) 用 0.1 mol/L 的 NaCl PB 溶液平衡 CM 离子交换层析柱,流速为 1 mL/min。

(3) 基线平稳后,调整基线为 0。调整流速为 0.8 mL/min,上蛋白样。

(4) 用含 0.1 mol/L 的 NaCl PB 溶液洗脱杂蛋白,调整流速为 1 mL/min,至基线平稳。

(5) 用浓度为 0.6 mol/L 的 NaCl PB 溶液洗脱目的蛋白,调整流速为 1.5 mL/min。收集洗脱峰。

(6) 用浓度为 1.2 mol/L 的 NaCl PB 溶液洗脱杂蛋白,调整流速为 1 mL/min,至基线平稳。

(7) 用浓度为 2.0 mol/L 的 NaCl PB 溶液洗脱杂蛋白,至基线平稳。

(8) 12 % SDS - PAGE 分析洗脱目的蛋白。

4. 目的蛋白的透析脱盐

用 20 mmol/L 的 PB 溶液透析 24 h,换液 6 次,以除去纯化中带入的盐离子。

5. 肝素亲和层析

(1) 用 0.1 mol/L 的 NaCl PB 溶液平衡 Heparin(肝素)- Sepharose 亲和层析柱,流速为 1 mL/min。基线平稳后,调整基线为 0。

(2) 用 0.6 mol/L 的 NaCl PB 溶液平衡肝素亲和层析柱,流速为 1 mL/min。基线平稳后,调整基线为 0。

(3) 调整流速为 0.8 mL/min,上 CM 柱洗脱后的蛋白样。

（4）用浓度为 0.6 mol/L 的 NaCl PB 溶液洗脱杂蛋白,至基线平稳。

（5）用浓度为 1.2 mol/L 的 NaCl PB 溶液洗脱目的蛋白,调整流速为 1.5 mL/min。

（6）收集洗脱峰。

（7）用浓度为 2.0 mol/L 的 NaCl 溶液洗脱杂蛋白,至基线平稳。

（8）12% SDS-PAGE 分析洗脱目的蛋白。

6. 目的蛋白的透析脱盐

用灭菌水透析 24 h,换液 6 次,以除去纯化中带入的盐。

7. 目的蛋白的电泳鉴定

透析脱盐后的目的蛋白进行 12% SDS-PAGE 电泳鉴定(详细方法参见四)。

8. 目的蛋白的冻干

样品于 -80 ℃预冻过夜,然后放入冻干机中,冻干 24 h,密封,放 -20 ℃冰箱保存。

六、重组蛋白质的鉴定与活性检测

（一）实验目的

1. 掌握免疫印迹法的原理与基本操作。

2. 了解 MTT 比色法检测细胞存活和生长的原理。

3. 掌握使用 MTT 比色法检测 aFGF 活性的原理及操作。

（二）实验原理

1. 免疫印迹鉴定

免疫印迹(immunoblotting)又称蛋白质印迹(western blotting),是根据抗原抗体的特异性结合检测复杂样品中的某种蛋白的方法。该法是在凝胶电泳和固相免疫测定技术基础上发展起来的一种免疫生化技术。由于免疫印迹具有 SDS-PAGE 的高分辨力和固相免疫测定的高特异性和敏感性,现已成为蛋白分析的一种常规技术。免疫印迹常用于鉴定某种蛋白,并能对蛋白进行定性和半定量分析。结合化学发光检测,可以同时比较多个样品同一蛋白的表达量差异。

免疫印迹法的基本原理是,将混合抗原样品在凝胶板上进行单向或双向电泳分离,然后取固定化基质膜凝胶相贴。在印迹纸的自然吸附力、电场力或其它外力作用下,使凝胶中的单一抗原组份转移到印迹纸上,并且固相化。最后应用免疫覆盖液技术,如免疫同位素探针或免疫酶探针等,对抗原固定化基质膜进行检测和分析。常用的 western blotting 显色的方法主要包括放射自显影,底物化学发光 ECL,底物荧光 ECF,底物 DAB 显色。目前常用的主要是底物化学放光 ECL 和底物 DAB 呈色。

免疫印迹法具有如下的优点:①湿的固定化基质膜柔韧,易于操作;②固定化的生物大分子可均一地与各种免疫探针接近,不会像凝胶那样受孔径阻隔;③免疫印迹分析只需少量试剂;④孵育、洗涤的时间明显减短;⑤可同时制作多个拷贝,用于多种分析和鉴定;⑥结果以图谱形式可长期保存;⑦免疫探针可通过降低 pH 等方法被抹去,再换第二探针进行检测。

2. MTT 比色法

MTT 全称为 3-(4,5-二甲基噻唑-2)-2,5-二苯基四氮唑溴盐,商品名为噻唑蓝,是一种黄色的染料。而 MTT 法是一种检测细胞存活和生长的方法,其检测原理为活细胞线粒体中琥珀酸脱氢酶能使外源性 MTT 还原为水不溶性的蓝紫色结晶甲瓒(formazan)并沉积在细胞中,而死细胞无此功能。二甲基亚砜(DMSO)能溶解细胞中的甲瓒,用酶标仪在 570 nm 波长处测定其光吸收值,可间接反映活细胞数量。在一定细胞数范围内,MTT 结晶形成的量与细胞数成正比。该方法已广泛用于一些生物活性因子的活性检测、大规模的抗肿瘤药物筛选、细胞毒性试验以及肿瘤放射敏感性测定等。它的有点是灵敏度高、经济。但由于 MTT 经还原所产生的甲瓒产物不溶于水,需被溶解后才能检测。这不仅使工作量增加,也会对实验结果的准确性产生影响,而且溶解甲瓒的有机溶剂对实验者也有损害。

需要注意的是,MTT 法只能用来检测细胞相对数和相对活力,但不能测定细胞绝对数。在用酶标仪检测结果的时候,为了保证实验结果的线性,MTT 的吸光度(OD 值)最好在 0 ~ 0.7 范围。此外,MTT 最好是现用现配,过滤后 4 ℃避光保存两周内有效,或配置成 5 mg/mL 长期保存在 -20 ℃,避免反复冻融。配置时最好小剂量分装,用避光袋或是黑纸、铂锡纸包住避光以免分解。MTT 有致癌性,操作时需要小心操作。最后在细胞铺板时,要注意边缘效应。96 孔板在培养箱中由于湿度不够,而培养箱具有一定的湿度,温度梯度使得边缘孔水分蒸发较快,导致培养基中各种成分浓度变化增大,导致细胞状态不同。对于这种现象,要保证培养箱中的湿度,减少开关培养箱的次数和时间。同时将 96 孔板四周一圈孔只做空白不养细胞,而且最外一圈一定要加灭菌水、PBS 或者培养液,防止液体蒸发。

(三)器材与试剂

蛋白电泳槽及电源,脱色摇床,超净工作台,高速台式冷冻离心机,台式高速离心机,高压灭菌锅,电子天平,凝胶成像系统,CO_2 培养箱,倒置显微镜,多功能酶标仪等。

纯化所得的 $aFGF_{19-154}$ 蛋白,NIH/3T3 细胞。

鼠抗人 aFGF 多克隆抗体(一抗),辣根过氧化物酶标记的羊抗鼠抗体(二抗)。

DAB 显色试剂盒。

(四)实验步骤

1. 主要试剂的配置

(1)western 转移液　800 mL 超纯水中加入甘氨酸 14.42 g、Tris 碱 3.02 g、20% SDS 2 mL 和分析纯甲醇 200 mL,混匀后即得,现配现用。

(2)western 洗膜液　20 mL 0.01 mol/L pH 7.4 的灭菌 PBS 中加入 10 μL 0.05% 吐温 20,现配现用。

(3)western 封闭液　2.5 g 的脱脂奶粉溶解于 500 mL 0.01 mol/L pH 7.4 的灭菌 PBS 中,现配现用。

(4)RMPI 1640 培养基　RMPI 1640 培养基 10.4 g、$NaHCO_3$ 2.0 g 以 800 mL 灭菌超纯水溶解,用 HCL 调 pH 至 7.0 ~ 7.4,灭菌超纯水定溶至 1 000 mL,用 0.22 μm 滤膜过滤除菌,用时添加 10% 的灭火小牛血清,4 ℃冰箱中保存。

(5)RMPI 1640 冻存液　RMPI 1640 完全培养基 7 mL,新生牛血清 2 mL,DMSO 1 mL,混匀后用 0.22 μm 滤膜过滤除菌,4 ℃冰箱中保存。

(6)10 万 U/mL 双抗　以灭菌超纯水溶解链霉素和青霉素,过滤除菌后 -20 ℃保存。工作浓度为 100 U/mL。

（7）0.25% 胰酶溶液 取 0.25 g 胰蛋白酶用 0.01 mol/L pH7.4 的灭 PBS 配成 100 mL 溶液，0.22 μm 滤膜除菌，4 ℃ 保存。

（8）0.01 mol/L PBS 溶液 800 mL 超纯水中加入 NaCl 8 g、KCl 0.2 g、$Na_2HPO_4 \cdot 12H_2O$ 3.63 g 和 K_2HPO_4 0.24 g。用浓盐酸调节 pH 至 7.4，加水定容至 1 000 mL。

（9）次强酸配制 于塑料桶中加入 5L 烧开的蒸馏水（去离子水），搅拌溶解 600 g 重铬酸钾，置流动水中冷却，缓慢加入 1 L 浓硫酸，以温度不快升和不出现重铬酸钾结晶为度。

（10）5 mg/mL MTT 溶液 5 mL 0.01 mol/L pH7.4 的灭菌 PBS 中加入 25 mg 的 MTT 粉末，溶解后过滤除菌，分装后于 -20 ℃ 中保存。

2. 实验步骤

取纯化产物 $aFGF_{19-154}$ 进行 12% SDS-PAGE 分析；电泳结束后，去除浓缩胶，以适量的转移缓冲液室温平衡凝胶 30 min；准备转印膜 PVDF 膜，大小与凝胶一致，成 45° 慢慢将膜放入蒸馏水中，浸泡 5 min，再将 PVDF 膜在 100% 甲醇中浸泡 15 min，然后在转移缓冲液中平衡 10～15 min，同时把 6 张滤纸浸泡在转移缓冲液中；按说明书要求安装转移电泳装置，安装时务必要注意方向并排去所有气泡；在冷却条件下恒流 300 mA 电转 90 min；从上到下拆卸转移装置，凝胶进行考马斯亮蓝染色；PVDF 膜用 PBS 洗涤 2 次，每次 5 min；膜吸干后放入封闭液中，室温摇 1.5 h；弃去封闭液，膜用 PBS 洗 2 次，每次 5 min，吸干，然后加入封闭液稀释的一抗（稀释比例为 1:300），湿盒中封闭好，摇床中摇 2 h 后，4 ℃ 过夜；次日，取出湿盒摇 10 min，PBS 洗膜 2 次，每次 5 min，吸干；加入封闭液稀释的二抗 IgG（稀释比例为 1:3 000），室温摇 1 h 后，PBS 洗膜 2 次，每次 5 min；用洗膜液洗膜 2 次，每次 5 min；PBS 洗膜三次，每次 10 min，吸干；加入 DAB（6 mg/mL）显色，1 min 即可见特异性条带；去离子水洗中止反应，加 PBS 浸泡，拍照。

3. 重组蛋白的活性检测

用 MTT 法测定蛋白 $aFGF_{19-154}$ 对 NIH/3T3 细胞的促分裂活性。具体步骤如下：

（1）10% 小牛血清的 1640 培养液，将对数生长期的 NIH/3T3 细胞调节至细胞浓度为 5×10^4 个/mL，加入 96 孔板中（每孔 100 μL），37 ℃、5% CO_2 条件下培养 24 h。

（2）含 0.4% 小牛血清的 1640 培养液换液后，饥饿培养 24 h。

（3）去板中培养液，将 $aFGF_{19-154}$ 按第 1 组浓度 160 ng/mL，以下各组依次 4 倍稀释，共 7 个浓度梯度，分别加入 96 孔板中（每孔 100 μL），每三孔为一平行组，继续培养 48 h。

（4）加入 15 μL MTT（5 mg/mL），培养 4 h。

（5）弃去培养液，每孔加入 150 μL 的 DMSO，室温放置 40 min 后，在 570 nm 波长下测其 OD 值，绘制对应的 OD - 蛋白浓度曲线。

（五）思考题

1. 简述 PCR 扩增仪的应用。

2. 什么情况下会出现 PCR 假阳性？如何避免 PCR 过程中的假阳性及污染？

3. 分子克隆中常用的工具酶有哪些？

4. 一个良好的载体应该具备哪些条件？

5. 根据制备感受态细胞的原理，制备感受态细胞有什么注意事项？

6. 重组质粒转化感受态细胞应注意的事项。

7. 试述大肠杆菌表达系统的特点。

8. 试述蛋白质在原核细胞中的表达特点。

9. 试述透析除盐的原理。

10. 在做免疫印迹实验时应注意哪些问题？

11. 在做 MTT 实验前应明确的实验参数包括哪些？

（王 怡）

实验九

过氧化物歧化酶的制备、发酵、纯化与活性检测

一、密度梯度离心制备外周血单个核细胞

（一）实验原理

常用来分离人外周血单个核细胞（PBMC）的分层液比重是 1.077 ± 0.001 的聚蔗糖（ficoll）–泛影葡胺（urografinv）（F/H）分层液。ficoll 是蔗糖的多聚体，呈中性，平均相对分子质量为 400 000，当密度为 1.2 g/mL 仍未超出正常生理性渗透压，也不穿过生物膜。红细胞、粒细胞比重大，离心后沉于管底；淋巴细胞和单核细胞的比重小于或等于分层液比重，离心后漂浮于分层液的液面上，也可有少部分细胞悬浮在分层液中。吸取分层液液面的细胞，就可从外周血中分离到单个核细胞。

（二）器材与试剂

台式离心机，低温高速离心机，恒温水浴箱，旋涡混匀器，移液器（连续可调），EP 管（1.5 mL）及 tip 枪头。

淋巴细胞分离液，生理盐水（0.9 % 氯化钠溶液）等。

（三）实验步骤

1. 用塑料吸管吸取 2 mL 淋巴细胞分离液加入玻璃试管。

2. 取抗凝血 1 mL，用 1 mL 生理盐水稀释混匀后，用塑料吸管吸取稀释抗凝血沿管壁缓慢加于淋巴细胞分离液上面（每人 2 管）。

3. 将试管置离心机中，室温，2 000 r/min，20 min。

4. 用塑料吸管吸去最上层的血浆，再吸取单个核细胞层，加生理盐水至离管口 1 cm，混匀后离心，2 500 r/min 5 min。

5. 去上清液，再次加生理盐水 0.5 mL，转入 1 个 EP 管中，2 000 r/min 5 min。

6. 留细胞沉淀于 EP 管用于下一步的总 RNA 提取。

（四）注意事项

1. 抽取人外周静脉血时要注意无菌操作。

2. 用淋巴细胞分离液分离 PBMC 时，离心机转速的增加和减少要均匀、平稳，使保持清晰的界面。

二、单个核细胞总 RNA 抽提纯化

（一）实验原理

真核细胞总 RNA 制备方法有多种，包括异硫氰酸胍 – 氯化铯超速离心法、盐酸胍 – 有

机溶剂法、氯化锂－尿素法、热酚法以及 Trizol 试剂提取法等。目前实验室提取总 RNA 的常用方法为异硫氰酸胍法－酚－氯仿一步法和 Trizol 试剂提取法。Trizol 试剂中的主要成分为异硫氰酸胍和苯酚，其中异硫氰酸胍可裂解细胞，促使核蛋白体的解离，使 RNA 与蛋白质分离，并将 RNA 释放到溶液中，同时还抑制 RNA 酶，防止 RNA 的降解。当加入氯仿时，它可抽提酸性的苯酚，而酸性苯酚使蛋白变性，可促使 RNA 进入水相，离心后可形成水相层和有机层，这样 RNA 与仍留在有机相中的蛋白质和 DNA 分离开。水相层（无色）主要为 RNA，有机层（黄色）主要为 DNA 和蛋白质。

RNA 极不稳定，易于降解，而 RNA 酶几乎无处不在，且特别稳定，故在提取 RNA 时关键因素是最大程度的避免外源 RNA 酶的污染和抑制内源 RNA 酶的活力，因此，创造一个无 RNA 酶的环境，严格防止 RNA 酶污染是成功提取 RNA 的关键。

（二）器材与试剂

低温高速离心机，移液器，DEPC 水处理的 EP 管与枪头，一次性手套

Trizol 试剂，氯仿，异丙醇，70 % 乙醇等。

（三）实验步骤

1. 在留有细胞沉淀的 EP 管中依次加入 500 μL 变性液、100 μL 氯仿/异戊醇（49/1），置旋涡混合器上混匀，冰浴 15 min。

2. 4 ℃ 12 000 r/min，离心 15 min。吸取上层水相转入 EP 管中，加等体积异丙醇，−20 ℃，0.5 h。

3. 4 ℃ 12 000 r/min，离心 15 min，倾去上层异丙醇，加入 500 μL 70 % 乙醇进行洗涤。4 ℃ 12 000 r/min，10 min，倒去 70 % 乙醇，留沉淀真空烘干。

4. 用 10 μL DEPC 处理水溶解 RNA，−20 ℃保存，备反转录之用。

（四）注意事项

整个抽提过程，要尽量避免 RNase 的污染，全程配戴一次性手套，皮肤经常带有细菌和霉菌，可能污染 RNA 的抽提并成为 RNA 酶的来源。培养良好的微生物实验操作习惯，预防微生物污染。

三、RT－PCR 制备人 cDNA

（一）实验原理

获得组织或细胞中的总 RNA 后以其中的 mRNA 作为模板，采用 oligo（dT）、随机引物或者特异性下游引物，利用反转录酶反转录成 cDNA。

（二）器材与试剂

PCR 仪，离心机，恒温水浴箱，反转录试剂盒等。

（三）实验步骤

1. 配制反转录反应液

样品总 RNA	1.75 μL
反转录酶	1.0 μL
随机引物	1.0 μL
脱氧核苷三磷酸（每种 dNTP 各 10 mmol/L）	1.0 μL

反转录缓冲液(2×)	5 μL
RNasin(20~40 U/μL)	0.25 μL
DEPC 处理水	补至 10 μL

阴性对照用 DEPC 处理水代替 RNA 模板,其余成分相同。将上述反应成份加于 0.5 mL EP 管,混匀,简短离心。

2. 反转录反应

42 ℃	30 min
99 ℃	5 min
5 ℃	5 min

反转录产物于 4 ℃保存。

(四) 注意事项

反转录酶能与 cDNA 结合,直接进行 PCR 反应有阻害作用。因此,PCR 反应前,必须进行 99 ℃加热 5 min 使反转录酶失活。

四、PCR 扩增目的基因、电泳鉴定、产物纯化、目的片段连接

(一) 实验原理

1. 聚合酶链式反应

PCR 是体外酶促合成特异 DNA 片段的一种方法,为最常用的分子生物学技术之一。典型的 PCR 由① 高温变性模板;② 引物与模板退火;③ 引物沿模板延伸三步反应组成一个循环,通过多次循环反应,使目的 DNA 得以迅速扩增。其主要步骤是:将待扩增的模板 DNA 置高温下(通常为 93~94 ℃)使其变性解成单链;人工合成的两个寡核苷酸引物在其合适的复性温度下分别与目的基因两侧的两条单链互补结合,两个引物在模板上结合的位置决定了扩增片段的长短;耐热的 DNA 聚合酶(Taq 酶)在 72 ℃将单核苷酸从引物的 3′端开始掺入,以目的基因为模板从 5′→3′方向延伸,合成 DNA 的新互补链。

2. 琼脂糖凝胶电泳

琼脂糖是一种天然聚合长链状分子,可以形成具有刚性的滤孔,凝胶孔径的大小决定于琼脂糖的浓度。琼脂糖凝胶电泳法分离 DNA,主要是利用分子筛效应,迁移速度与相对分子质量的对数值成反比关系。因而就可依据 DNA 分子的大小使其分离。该过程可以通过把相对分子质量标准参照物和样品一起进行电泳而得到检测。溴化乙锭(EB)或 EB 替代物可与 DNA 分子形成 EB - DNA 复合物在紫外光照射下发射荧光,其荧光强度与 DNA 的含量成正比。据此可粗略估计样品 DNA 浓度。

3. 扩增产物的纯化

PCR 产物纯化试剂盒一般采用了特定具有吸附 DNA 能力的材料,可以有效地从反应混合物中分离出特异片段。它采用凝胶融解系统先让含有 DNA 片段的凝胶融化,然后让 DNA 片段结于合 DNA 制备膜上,最后再用灭菌蒸馏水洗脱 DNA。

4. 连接

利用 Taq 酶在延伸过程中会在 DNA 的末端加 A 的特性,使 PCR 扩增产物和带 T 尾的载体在连接酶的作用下连接起来。

（二）**器材与试剂**

DNA 扩增仪,高速台式离心机,旋涡混匀器,EP 管(0.5 mL)及 tip 枪头。

Taq 酶,缓冲液,dNTP,凝胶回收试剂盒,T-A 克隆试剂盒,琼脂糖,TAE,DNA Ladder 等。

（三）**实验步骤**

1. PCR 反应在 30 μL 反应体系中进行,冰上操作,依次加入

10×缓冲液	3.0 μL
2.5 μmol/L dNTP	1.0 μL
5 umol/L 引物	1.0 μL
Taq DNA 聚合酶	1.0 U
模板 DNA(1 ng~1 μg)	5.0 μL

加 ddH$_2$O 至 30 μL。

2. 扩增条件:94 ℃变性 5 min;94 ℃变性 35 s,56 ℃退火 35 s,72 ℃延伸 40 s,循环 35 次;72 ℃保持 8 min。扩增产物 4 ℃保存,电泳鉴定。

3. PCR 产物电泳

（1）准备小平板电泳槽,取出制胶槽,并插上样孔梳,调节上样孔梳,使上样孔梳底部与凝胶模底板的距离为 0.5~1.0 mm。

（2）将用 1×TAE 缓冲液配制的 1.0% 琼脂糖凝胶置微波炉或沸水浴加热使之熔化,冷却至 60 ℃后加入溴化乙锭贮存液至终浓度为 0.5 ug/mL,混匀。

（3）将琼脂糖凝胶趁热倒入平板达 3~5 mm 厚,静止 40 min 让其完全凝固。

（4）将凝胶随凝胶模一起放入加有足量的 1×TAE 缓冲液电泳槽中(缓冲液浸没过凝胶面 2~3 mm),小心拔出样孔梳。

（5）取 5 μL PCR 产物,加入 1 μL 6×上样缓冲液,混合后用微量进样器小心加入样品孔。

（6）以靠近上样端接负极,另一端接正极,接通电源,以 5 v/cm(该距离为电泳槽两电极间的距离,非凝胶自身的长度)的电压电泳 30~60 min。

（7）电泳结束后,带上保护手套,倾去电极缓冲液,取出凝胶置透明薄膜上,在紫外灯下观察电泳结果,并照相记录结果。

4. PCR 产物纯化

（1）按 300 μL 结合缓冲液(binding buffer)I/100 μL PCR 产物的比例加入结合缓冲液 I,混匀。

（2）把混合液转移到套放于收集管的 UNIQ-10 柱中,室温放置 2 min,6 000 r/min 离心 1 min。

（3）倒掉收集管中的废液,加 500 μL 洗涤缓冲液(wash wolution)到 UNIQ-10 柱中,8 000 r/min 室温离心 1 min。

（4）重复步骤(3)一次。

（5）倒掉收集管中的废液,将 UNIQ-10 柱放入同一收集管中,12 000 r/min 室温离心 30 s。

（6）将 UNIQ-10 柱放入一新的 1.5 mL 离心管中,在柱子膜中央加 30 μL 洗脱缓冲液(elution buffer)或水(pH >7.0),室温或 37 ℃放置 2 min。

（7）12 000 r/min 室温离心 1 min,离心管中的液体即为回收的 DNA 片段。

5. 连接

（1）连接反应体系：

Mix ligation buffer	5 μL
pUCm – T 载体	1 μL
纯化的 PCR 产物	2 μL
ddH$_2$O	2 μL
终体积	10 μL

（2）16 ℃连接过夜。

（四）注意事项

1. 倒胶时的温度不可太低,否则凝固不均匀,速度也不可太快,否则容易出现气泡。待胶完全凝固后拨出梳子,注意不要损伤梳底部的凝胶。

2. 每加完一个样品要更换 tip 枪头,以防止互相污染。注意上样时要小心操作,避免损坏凝胶或将样品槽底部凝胶刺穿。

五、氯化钙制备 Jm 109 菌株感受态的制备、转化和培养

（一）实验原理

在冰浴条件下,用 0.1 mol/L CaCl$_2$ 溶液悬浮活化的 *E. coli* Jm109 菌,使其细胞膜的通透性增大而成为感受态细胞。当外源的重组质粒 DNA 与感受态细胞混合后在冰浴中孵育后,外源的重组质粒 DNA 就有可能进入感受态细胞内,并通过自我复制实现遗传信息的转移,使感受态细胞出现新的遗传性状,即感受态细菌的转化。不同程度稀释的转化反应液涂布于含抗生素、IPTG 和 X – Gal 的平板上,以 37 ℃培养过液,平板上白色菌落即为已转化的感受态细菌。

pUC 系列和它们的衍生载体适用于可编码 β – 半乳糖苷酶 C 端部分的宿主细胞。尽管宿主和载体编码的片段都没有活性,但它们能够融为一体,形成具有酶活性的蛋白质。这样,*lacZ* 基因上缺失操纵基因区段的突变体与带有完整的近操纵基因区段的 β – 半乳糖苷酶阴性的突变体之间实现互补,这种互补现象称为 α 互补。IPTG(异丙基 – β – D – 半乳糖苷)是一种乳糖类似物,可使 LacI 阻遏蛋白失活,从而诱导 Lac 操纵子转录。由 α 互补而产生的 Lac$^+$ 细菌落易于识别,因为它们在生色底物 X – gal 存在的情况下形成蓝色菌落。然而外源 DNA 片段插入到质粒的多克隆位点后,几乎不可避免地导致产生无 α 互补能力的 N 端片段。因此,携带重组质粒的细菌形成白色菌落。这一简单的颜色试验,大大简化了在这种构建质粒载体中鉴定重组子的工作,即称为蓝白斑筛选法。

（二）器材与试剂

离心机,恒温培养箱,摇床,培养皿,EP 管。

固体 LB 培养基,0.1 mol/L CaCl$_2$ 溶液,IPTG(异丙基 – β – D – 硫代半乳糖苷),X – Gal(5 – 溴 – 4 – 氯 – 3 – 吲哚 – 半乳糖苷),*E. coli* Jm109 菌株等。

（三）实验步骤

1. 感受态细胞制备

（1）从新活化的 *E. coli* Jm109 菌平板桃取一单菌落,接种于 3 ~ 5 mL LB 液体培养基

中,37 ℃振荡培养 12 h 左右,至对数生长期。

（2）上述菌液以 1:50 量接种于 100 mL 液体培养基中,扩大培养至 $A_{600} = 0.7$（振荡培养 2 h 左右）。

（3）培养液在冰浴中冷却片刻后,取 1.5 mL 菌液用 1.5 mL 有盖离心管 0 – 4 ℃ 4 000 r/min 离心 10 min 收集菌体。

（4）去上清,用 0.6 mL 冰冷的 0.1 mol/L CaCl₂ 溶液轻轻悬浮细胞,冰浴放置 15 ~ 30 min。

（5）4 ℃下 4 000 r/min 离心 10 min 收集菌体。

（6）倾去上清,加入 0.2 mL 预冷的 0.1 mol/L CaCl₂ 溶液,小心悬浮细胞,置于冰浴 30 min 后待用,或加 15 % ~ 20 % 的二甲基亚砜置 –40 ℃ 保存备用。

2. 重组 DNA 的转化

（1）上述 EP 管中加入 5 μL 连接反应混合物（当用纯的质粒 DNA 时,加 1 μL 即可）,轻轻摇匀,冰浴中放置 30 min。

（2）再于 42 ℃ 水浴中保温 90 s,然后迅速在冰浴中冷却 3 ~ 5 min。加入 500 μL LB 液体培养液,摇匀后于 37 ℃ 温浴 40 min。

（3）将上述转化反应原液及用 LB 液体培养液稀释适当倍数的反应液,并各取 0.1 mL 分别涂于含氨苄青霉素、IPTG 和 X – Gal 的平板中（LB 固体培养基）。

（4）待菌液完全被培养基吸收后,倒置培养皿,37 ℃ 培养过夜,观察菌落。

（四）注意事项

1. 转化实验必须在低温中进行,温度波动严重影响转化效率,所有的试剂均应冰浴,细菌始终保持在 4 ℃ 以下。

2. 转化实验须做下列对照:用已知量的质粒 DNA 标准制备物转化感受态细胞,作为阳性对照;未加任何质粒 DNA 的 TE 缓冲液转化感受态细胞,作为空白对照。

六、质粒 DNA 的酶切、目的片段的纯化回收、表达载体连接

（一）实验原理

1. 重组质粒提取（碱裂解法）与酶切

将细菌悬浮于葡萄糖等渗溶液中,经 EDTA 处理,可破坏细菌细胞壁和细胞外膜,阴离子去污剂十二烷基硫酸钠（SDS）处理使细胞崩解,经碱处理可使氢键断裂、破坏碱基配对,使细菌线状染色体 DNA 和质粒 DNA 变性,加入乙酸钾后质粒 DNA 迅速复性为可溶性质粒 DNA,小分子 RNA 也呈可溶状态,而变性的染色体 DNA、高分子 RNA 以及 K⁺/SDS/细胞膜复合物缠绕附着在细胞壁碎片上,冰浴后易沉淀,可离心去除,而质粒 DNA 及细菌中的可溶性蛋白质、核糖核蛋白体和 Trna 等留在上清中。通过加入蛋白水解酶和核糖核酸酶可以分解之。通过碱性酚（pH 8.0）或酚 – 氯仿 – 异戊醇（体积比为 25:24:1）或氯仿 – 异戊醇等有机溶剂除去蛋白质、氯化锂沉淀 RNA 和残存的蛋白质、再用乙醇等有机溶剂沉淀 DNA,即得纯化的质粒 DNA。

限制性核酸内切酶是一类能识别双链 DNA 中特定碱基序列的核酸水解酶,分 Ⅰ、Ⅱ、Ⅲ型三种,Ⅱ型酶是分子生物学中最常用的内切酶,实验中使用的 *Eco*R Ⅰ 和 *Hind*Ⅲ 两种内切酶能够识别质粒上的特定 DNA 序列,并能在识别的序列内切断 DNA 双链,形成一定长

度的 DNA 片断。

2. 目的片段的纯化回收

胶回收试剂盒采用了特定具有吸附 DNA 能力的材料,可以有效地从反应混合物中分离出特异片段。它采用凝胶融解系统先让含有 DNA 片段的凝胶融化,然后让 DNA 片段结于合 DNA 制备膜上,最后再用灭菌蒸馏水洗脱 DNA。

3. 重组表达载体的构建

既是基因工程实验的第一步,也是目的蛋白进行表达的基础。其关键技术为 DNA 体外重组,即应用酶学方法,将需表达的基因片段在体外进行特异性切割,与合适的表达载体分子重新连接,组装成一个新的重组表达载体质粒。

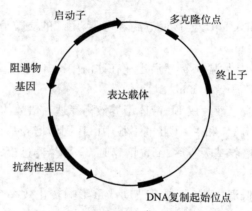

图 3 - 4　表达载体的常见结构示意图

（二）器材与试剂

细菌摇床,无菌试管,三角涂棒,0.5 mL 和 1.5 mL 微量离心管,高速台式离心机,制冰机,电泳仪,电泳槽等。

溶液 I:50 mmol/L 葡萄糖 + 25 mmol/L Tris – HCl(pH 8.0) + 10 mmol/L EDTA,高压蒸气灭菌。溶液 II:0.2 mol/L NaOH + 1% SDS。溶液 III:5 mol/L KAc 60 mL,无水乙酸 11.5 mL,水 28.5 mL。

LB 培养基,原核表达载体质粒 pET 28(Kan^r),限制性内切酶 EcoR I 和 Hind III,10 × 酶切缓冲溶,胶回收试剂盒,T4 连接酶,TAE,溴化乙锭(EB),琼脂糖,TE 缓冲液(pH 8.0),70% 乙醇。

（三）实验步骤

1. 碱裂解法小量制备细菌质粒 DNA

(1) 将阳性重组子接种于 LB – Amp$^+$ 固体培养基上,37 ℃培养过夜。

(2) 挑取菌落接种到 5 mL LB – Amp$^+$ 液体培养基中,37 ℃振荡培养过夜至对数生长期备用。

(3) 取 1.5 mL 对数生长期的菌体于 EP 管中,在台式离心机上 8 000 r/min 离心 30 s 收集菌体。

(4) 弃上清,将 EP 管倒置在吸水纸上,吸干溶液。

（5）加 100 μL GTE 缓冲液，用移液器轻轻吹打，使菌体重新悬浮，室温放置 5 min。

（6）加入 200 μL 新鲜配制的 NaOH – SDS 溶液，颠倒混匀 10 次，然后置冰浴 5 min。

（7）加入 150 μL 预冷的乙酸钾溶液，充分混匀，置冰浴 5 min。

（8）在 4 ℃ 下于台式高速离心机 12 000 r/min 离心 5 min，并将上清移至另一支新 EP 管中。

（9）加入 2 μg/μL RNase 溶液 2 μL，37 ℃ 30 min。

（10）加等体积酚、氯仿抽提一次，12 000 r/min 离心 5 min，取上层水相至另一支新 EP 管中。

（11）加等体积氯仿抽提一次，12 000 r/min 离心 5 min，取上层水相至另一支新 EP 管中。

（12）加 0.6 倍体积异丙醇，置冰浴 30 min，12 000 r/min 离心 10 min，弃上清。

（13）沉淀用 70 % 乙醇 0.5 mL 洗一次，弃上清，室温放置 10 min，挥干乙醇。

（14）用 30 μL TE 溶解沉淀的 DNA，置 4 ℃ 保存（不要吹打，放置 10 min 后自然溶解）。

（15）取 2 μL 质粒溶液进行琼脂糖凝胶电泳，检查质粒抽提结果。

2. 限制性内切酶反应

（1）混合下列溶液于一个 0.5 mL EP 管中

质粒 DNA 溶液	10 μL
ddH₂O	7 μL
10 × 酶切反应缓冲液	2 μL
EcoR Ⅰ	0.5 μL　（10 U/μL）
Hind Ⅲ	0.5 μL　（10 U/μL）
	总体积 20 μL

（2）37 ℃，温育 2 h。

3. 琼脂糖凝胶回收 DNA 片段

（1）DNA 样品用限制性内切酶完全消化，琼脂糖凝胶电泳，溴乙锭染色，然后用解剖刀切下目的条带（尽量小）。

（2）将带有目的片段的凝胶块转移至 1.5 mL 离心管（离心管已经称重了）中，称重得出凝胶块的重量，近似地确定其体积。加入等体积的结合缓冲液，于 55～65 ℃ 水浴中温浴 7 min 或至凝胶完全融化，每 2～3 min 振荡或涡旋混合物。

（3）取一个干净的 HiBind DNA mini 柱子装在一个干净的 2 mL 收集管内，将第二步获得的 DNA/熔胶液全部转移至柱子中。室温下 10 000 r/min 离心 1 min。弃收集管中的滤液，将柱子套回 2 mL 收集管内收集管。

（4）弃收集管中的滤液，将柱子套回 2 mL 收集管内收集管。转移 300 μL 结合缓冲液至柱子中，室温 10 000 r/min 离心 1 min。

（5）弃收集管中的滤液，将柱子套回 2 mL 收集管内收集管。转移 500 μL 洗涤缓冲液（已用无水乙醇稀释的）至柱子中。室温下 10 000 r/min 离心 1 min。

（6）重复用 500 μL 洗涤缓冲液洗涤柱子。室温下 10 000 r/min 离心 1 min。

（7）弃收集管中的滤液，将柱子套回 2 mL 收集管内收集管。室温下，13 000 r/min 离心 1 min 以甩干柱子基质残余的液体。

（8）把柱子装在一个干净的 1.5 mL 离心管上,加入 15～30 μL 的洗脱缓冲液(或 TE 缓冲液)到柱基质上,室温放置 1 min,13 000 r/min 离心 1 min 以洗脱 DNA。

4. 连接

（1）连接反应体系(总体积 10 μL):

10×缓冲液	1 μL
pET-28 载体	2 μL
纯化的 PCR 产物	4 μL
ddH$_2$O	3 μL

（2）16 ℃连接过夜。

（四）注意事项

1. 在细菌接种、扩增等过程中,LB 液中必须加有对应抗生素,否则细菌缺少这种压力携带的质粒拷贝会逐渐丢失,使得抽提的质粒量少,难以进行实验。

2. 在凝胶完全溶解之后,注意凝胶-结合缓冲液混和物的 pH。如果是橙色或红色,其 pH 大于 8,DNA 的产量将大大减少。观察混和物的颜色,如果是橙色或红色,则要加入 5 μL 浓度为 5 mol/L pH 为 5.2 的乙酸钠,以调低其 pH。经过这一调节,该混合物的颜色将恢复为正常的浅黄色。

七、表达菌株 BL21(DE3)菌株感受态制备、转化和培养

（一）实验原理

在水浴条件下,用 0.1 mol/L CaCl$_2$ 溶液悬浮活化的 E. coli BL21(DE3)菌,使其细胞膜的通透性增大而成为感受态细胞。当外源的重组质粒 DNA 与感受态细胞混合后在冰浴中孵育后,外源的重组质粒 DNA 就有可能进入感受态细胞内,并通过自我复制实现遗传信息的转移,使感受态细胞出现新的遗传性状,即感受态细菌的转化。不同程度稀释的转化反应液涂布于含抗生素、IPTG 和 X-Gal 的平板上,以 37 ℃培养过液,平板上白色菌落即为已转化的感受态细菌。

（二）器材与试剂

离心机,恒温培养箱,摇床,培养皿,EP 管。

固体 LB 培养基,0.1 mol/L CaCl$_2$ 溶液,IPTG(异丙基-β-D-硫代半乳糖苷),卡那霉素,E. coli BL21(DE3)菌株等。

（三）实验步骤

1. 感受态细胞制备

（1）从新活化的 E. coli BL21(DE3)菌平板桃取一单菌落,接种于 3～5 mL LB 液体培养基中,37 ℃振荡培养 12 h 左右,至对数生长期。

（2）上述菌液以 1:50 接种于 100 mL 液体培养基中,扩大培养至 A_{600} = 0.7(振荡培养 2 h 左右)。

（3）培养液在冰浴中冷却片刻后,取 1.5 mL 菌液用 1.5 mL 有盖离心管 0～4 ℃ 4 000 r/min 离心 10 min 收集菌体。

（4）去上清液,用 0.6 mL 冰冷的 0.1 mol/L CaCl$_2$ 溶液轻轻悬浮细胞,冰浴放置 15～30 min。

（5）4 ℃下 4 000 r/min，离心 10 min 收集菌体。

（6）倾去上清液，加入 0.2 mL 预冷的 0.1 mol/L CaCl$_2$ 溶液，小心悬浮细胞，置于冰浴 30 min 后待用，或加 15% ~ 20% 的二甲基亚砜置 -40 ℃ 保存备用。

2. 重组 DNA 的转化

（1）上述 EP 管中加入 5 μL 连接反应混合物（当用纯的质粒 DNA 时，加 1 μL 即可），轻轻摇匀，冰浴中放置 30 min。

（2）再于 42 ℃ 水浴中保温 90 s，然后迅速在冰浴中冷却 3 ~ 5 min。

（3）加入 500 μL LB 液体培养液，摇匀后于 37 ℃ 温浴 40 min。

将上述转化反应原液及用 LB 液体培养液稀释适当倍数的反应液，并各取 0.1 mL

（4）分别涂于含氨苄青霉素、IPTG 和 X - Gal 的平板中（LB 固体培养基）。

待菌液完全被培养基吸收后，倒置培养皿，37 ℃ 培养过夜，观察菌落。

（四）注意事项

1. 转化实验必须在低温中进行，温度波动严重影响转化效率，所有的试剂均应冰浴，细菌始终保持在 4 ℃ 以下。

2. 转化实验须做下列对照：用已知量的质粒 DNA 标准制备物转化感受态细胞，作为阳性对照；未加任何质粒 DNA 的 TE 缓冲液转化感受态细胞，作为空白对照。

八、菌落 PCR 鉴定

（一）实验原理

选择性培养基上长出的菌落，由受体菌 BL 21（DE3）的表型 Kan$^-$ 转变为 Kan$^+$（由质粒提供抗性），且颜色为白色的菌落，证明重组质粒已转化入受体菌，但要证明插入片段的大小和序列，还需进一步鉴定。常用方法之一是进行重组质粒的抽提，然后电泳分析，观察其相对分子质量与原有载体相比是否增大；方法之二是将抽提的重组质粒进行限制性内切酶分析，观察酶切下来得到的 DNA 片段大小是否与预计的相符；方法之三是以重组质粒为模板进行 PCR 鉴定，观察 PCR 产物的大小是否与目的基因大小相符；方法之四则是将重组质粒进行 DNA 序列分析，直接分析重组质粒上的插入片段即目的基因的大小与序列是否正确。

本实验将初筛得到的白斑菌落进行菌落 PCR 分析，观察 PCR 得到的 DNA 片段大小是否与预计的相符，从而对重组转化子 DNA 进一步鉴定。

（二）器材与试剂

PCR 扩增仪，电泳仪，电泳槽。

PCR 缓冲液，dNTP 混合物，引物，*Taq* DNA 聚合酶，琼脂糖，TAE 电泳缓冲液，上样缓冲液，EB 等。

（三）实验步骤

1. 常温下随机挑选数个转化板上的转化子，用灭菌的牙签挑取少量菌体分别加入 50 μL 生理盐水中，漩涡震荡混匀，取 3 μL 作模板。

2. PCR 反应在 30 μL 反应体系中进行，冰上操作，依次加入

10×缓冲液　　　　　　　　　　　　3.0 μL

2.5 μmol/L dNTP   1.0 μL

5 μmol/L 引物   1.0 μL

Taq DNA 聚合酶   1 U

模板 DNA 3.0 μL。

加 ddH₂O 至 30 μL。

3. 扩增条件:94 ℃变性 5 min,然后于 94 ℃变性 35 s,56 ℃退火 35 s,72 ℃延伸 40 s,循环 35 次后,72 ℃保持 8 min,扩增产物 4 ℃保存。

4. 电泳鉴定,取 5 μL PCR 扩增产物,与 1 μL 6 × 加样缓冲液混匀,经 1 % 琼脂糖凝胶(含 0.5 μg/mL EB)电泳 30 min,电压为 5 V/cm。在紫外灯下观察扩增的 DNA 片段,鉴定待检标本中基因片段。

(四) 注意事项

PCR 方法操作简便,但影响因素较多,欲得到好的反应结果,需根据不同的 DNA 模板,摸索最适条件,同时还要注意避免操作中每一步可能造成的人为污染。

九、外源基因的诱导表达

(一) 实验原理

最早建立并得到广泛应用的表达系统是以大肠杆菌 *lac* 操纵子调控机理为基础设计、构建的表达系统,称为 Lac 表达系统。*Lac* 操纵子是研究最为详尽的大肠杆菌基因操纵子,该操纵子的转录受正调节因子 CAP 和负调节因子 *lacI* 的调控。在无诱导物情形下,*lacI* 基因产物形成四聚体阻遏蛋白。与启动下游的操纵基因紧密结合,阻止转录的起始。异丙基 – β – D – 硫代半乳糖苷(IPTG)等乳糖类似物是 *lac* 操纵子的诱导物,它们与阻遏蛋白结合后使之改变构象,导致与操纵基因的结合能力降低而解离出来,*lac* 操纵子的转录因此被激活。由于 *lac* 操纵子具有这种可诱导调控基因转录的性质,因此其元件和它们的一些突变体经常被用于表达载体的构建。如图 3 – 5 所示,pET – 28 原核表达载体中则带有 *lacI* 基因,故可用 IPTG 进行诱导表达。

(二) 器材与试剂

细菌摇床,无菌试管,三角涂棒,离心管,高速台式离心机,制冰机,冰箱。

表达菌株 BL21 DE3,LB 液体培养基(无抗性),LB 液体培养基(Kan⁺),LB 平板(Kan⁺),IPTG 等。

(三) 实验步骤

1. 随机挑取数个菌落,各加 3 mL 含的 LB 液于 37 ℃摇过夜。

2. 取出 300 μL 菌液加 3 mL 有抗生素的 LB 液,作 1∶10 稀释,37 ℃ 250 r/min 摇 2 h(OD 在 0.2 ~ 0.6),于各管中加 100 mmol/L IPTG 30 μL(终浓度为 1 mmol/L),37 ℃ 250 r/min 3 h,进行诱导。

3. 诱导后 6 000 r/min 离心 2 min,收集菌体,用 50 μL ddH₂O 重悬菌体,加等体积 2 × 蛋白上样液(约 60 μL),于沸水浴中变性 5 min,同时取一个阴性对照(即未加 IPTG 诱导的菌体)经过变性处理后同时进行 SDS – PAGE 分析,看有无目的蛋白表达(下一次实验的内容)。若须纯化蛋白,最好选择一表达量最大的菌种进行以后实验。

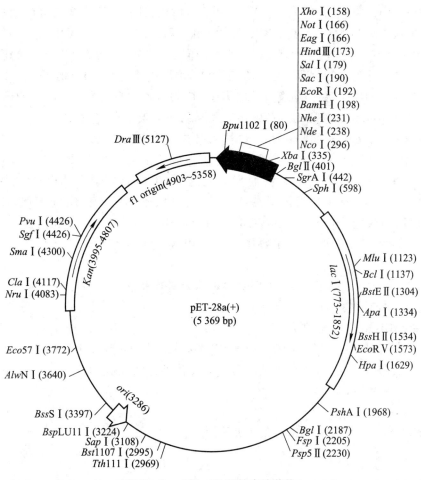

图 3 - 5　pET - 28 原核表达载体

4. 诱导表达条件的优化。对于不同的可溶性蛋白,进行诱导的 IPTG 浓度、温度、时间均不同,必须进行选择优化,即在上述不同的条件下分别进行诱导,通过 SDS - PAGE 分析选择最佳条件进行蛋白诱导、表达和纯化。

（四）注意事项

表达菌株的过夜培养物接种,是为了在诱导表达时培养基中的细菌能尽量处于同步生长状态,以便于产物的大量表达。在安排实验时前一天应考虑到将过夜菌接种培养。该实验的时间较长,第一次操作时,时间安排不当,当天可能做不完而表达产物又不适合于过夜放置,应当予以注意。

十、SDS - PAGE 电泳检测目的蛋白

（一）实验原理

聚丙烯酰胺凝胶电泳由丙烯酰胺单体和交联剂甲叉双丙烯酰胺,在催化剂作用下,形成三维网状结构。SDS - 聚丙烯酰胺凝胶电泳具有很高的分辨率,这主要是由于浓缩胶的浓缩效应和分离胶的分子筛效应。

在浓缩胶中,缓冲液 pH 为 6.8,HCl 几乎全部解离;甘氨酸的等电点 p*I* 6,解离度小;蛋白质的等电点多为 PI 5 左右,其解离度在 HCl 和甘氨酸之间。在电场中,迁移率大小次序为 Cl⁻ > Pro⁻ > Gly⁻。电泳开始后,Cl⁻ 超过了蛋白质,将蛋白质离子推倒它的后面,Gly⁻则将蛋白质离子推到它的前面。由于浓缩胶和分离胶的不连续 pH 梯度作用,可在二者之间形成三种离子的界面,蛋白质离子就聚集在 Cl⁻ 和 Gly⁻ 之间,原来 1 cm 厚的样品层可以被压缩至 0.25 μm,样品被压缩成一条狭窄区带,从而提高了分离效果。

在分离胶中,缓冲液的 pH 为 8.8,甘氨酸进入分离胶后解离度大为增加,其迁移率与 Cl⁻ 相仿,泳至蛋白质离子前面,因此浓缩效应消失。蛋白质具有不同的电荷和相对分子质量,在经过阴离子去污剂 SDS 处理后,蛋白质分子上的电荷被中和,蛋白质分子带上均一负电荷,在聚丙烯酰胺凝胶电泳时,不同的蛋白质按照其相对分子质量大小进行分布,电泳迁移率仅取决于蛋白质的相对分子质量。此时,由于凝胶浓度增加,孔径变小,分子筛效应起主要作用,使得电泳迁移率仅取决于蛋白质的相对分子质量大小。

采用考马斯亮蓝快速染色,可及时观察电泳分离效果。

(二) 器材与试剂

SDS - PAGE 电泳装置,脱色摇床。

凝胶贮存液,4 × 分离胶缓冲液(pH 8.8),4 × 浓缩胶缓冲液(pH 6.8),10 × PAGE 电泳缓冲液,2 × 蛋白上样缓冲液(pH 6.8),考马斯亮蓝染色液,脱色液,10 % 过硫酸铵(AP),TEMED,蛋白质 Maker 等。

(三) 实验步骤

1. 将玻璃板洗涤干净,加密封条用夹子固定。

2. 灌分离胶:

凝胶浓度与体积 试剂	7.5 %	10 %	12 %	15 %
	6 mL	6 mL	6 mL	6 mL
ddH₂O	3 mL	2.5 mL	2.1 mL	1.5 mL
30 % 凝胶贮存液	1.5 mL	2 mL	2.4 mL	3 mL
缓冲液(pH 8.8)	1.5 mL	1.5 mL	1.5 mL	1.5 mL
10 % 过硫酸铵	60 μL	60 μL	60 μL	60 μL
TEMED	3 μL	2.5 μL	2 μL	1.5 μL

加入 TEMED 后立即混匀,小心灌入玻璃板夹层中(胶顶距离 Teflon 梳子 5 mm 左右),然后用 200 μL ddH₂O 封顶,保持胶面平整。

3. 灌浓缩胶:待分离胶凝固后,倒出正丁醇和析出的水相,灌入浓缩胶,插好 Teflon 梳子。

试剂 \ 凝胶浓度与体积	4.5 %	4.5 %
	4 mL	2 mL
H₂O	2.4 mL	1.2 mL
30 % 凝胶贮存液	0.6 mL	0.3 mL
4 × 分离胶缓冲液(pH 8.8)	1 mL	0.5 mL
10 % 过硫酸铵	40 μL	20 μL
TEMED	4 μL	2 μL

4. 样品处理:蛋白样品加入等体积的 2 × 蛋白上样缓冲液,沸水浴 5~10 min(冷却后上样)。

5. 上样:在电泳槽中加入 1 × PAGE 电泳缓冲液。小心拔出梳子,上样 10~20 μL。

6. 电泳:起始用低电压 8 V/cm(约 60 V),当溴酚兰前沿进入分离胶后,电压提高位 15 V/cm(约 120 V),直到溴酚兰泳到胶底为止。关闭电泳仪。

7. 剥胶:取出玻璃板,小心撬开,切除封底胶和浓缩胶,切去左上角作记号。

8. 染色和脱色:将凝胶浸泡在染色液中,振荡染色 1~2 h。有时可根据染色液质量,染色过夜。然后换脱色液,洗至背景干净、条带清晰为止。

9. 拍照保存:拍照或用干胶机干胶保存。

(四) 注意事项

1. 宿主菌都有其自身的蛋白质,表达的产物在 SDS – PAGE 电泳时,其相对分子质量可能会与宿主菌的蛋白质条带重叠,给分析结果带来麻烦。遇到这种情况,一般采用以下几种办法来处理:① 比较表达结果与对照结果中各条蛋白带的浓度,并选择几条肉眼看到浓度无差别的蛋白带为比较对照,寻找表达结果中是否有浓度增加的蛋白条带。如果有,则可进一步分析;② 改变电泳胶的浓度(调整电泳胶的有效分辨范围),使蛋白重叠条带分开;③ SDS – PAGE 转膜后用抗血清或抗体做免疫 western blot(免疫印迹实验),观察表达结果中是否有持异性条带出现。

2. 影响蛋白电泳的因素有:① 样品的盐浓度;② SDS 的质量;③ 缓冲液的 pH 不准;④ 上样孔的不平整。必要时,可在拔出 Teflon 梳子后冲洗上样孔,以防止残留的丙烯酰胺再凝聚,造成上样孔的不平齐。

十一、目的蛋白分离纯化

(一) 实验原理

一般在大肠杆菌高效表达真核基因时,所产生的产物常以包涵体的形式存在,用超声仪破裂细菌后进行离心,表达产物存在于离心管底,而不在上清液内,因此当上清液内分析不到样品时,应考虑分析离心沉淀物,最好是第一次分析所表达的产物时,将两者同时进行电泳分析,以确定表达产物在宿主菌内的存在形式。包涵体产物一般不能直接用于常规层析方法进行纯化,必须用盐酸胍等非离子型强变性剂溶解,并用不同的方法特产物复性后才能进行常规分离纯化,否则会给后期实验带来不便。

原核表达系统表达基因,其产物在宿主中的存在形式并不是固定不变的,随培养基的营养状况、诱导培养的时间和表达效果的高低而不同。如果能将表达产物变成可溶性形式,将有利于后续实验的快速开展。表达菌培养时,营养状况好、诱导表达时间短、表达效率降低都有利于可溶性表达产物的形成。

pET 28 原核表达系统的表达产物 C 末端均融合带有 His – Tag 序列蛋白,据此可用 Novagen 的 His – Bindâ 系列树脂和试剂盒来纯化。其原理是通过固定化金属亲和层析 (IMAC)来快速一步纯化 His – Tag 序列蛋白。His – Tag 序列(6、8 或 10 个连续的组氨酸残基)与固定在 NTA – 或 IDA – 的 His – Bind 树脂上的二价阳离子 Ni^{2+} 结合,洗去未结合蛋白后,用咪唑或稍低 pH 的洗脱液进行洗脱,从而回收目标蛋白。该系统可用在温和、非变性条件下纯化可溶性融合蛋白,也可用于 6 mol/L 胍或尿素变性法溶解的包涵体蛋白。

(二)器材与试剂

细菌诱导表达实验的所有器材,制冰机,高速离心机,超声波仪,SDS – PAGE 实验的有关器材。

10 mg/mL 溶菌酶,10 % Triton X – 100,NTA – His – Bind 树脂。

(三)实验步骤

1. 样品准备

(1)准备细菌,接种,诱导表达。使用 1 mol/L IPTG,于 37 ℃(或 30 ℃、24 ℃等其他温度条件)3 h 或更长时间(如过夜)。

(2)冰上冷却后离心,收集细菌,加入 1/20 细菌生长体积的 NTA – 0 缓冲液,重悬;加 10 mg/mL 溶菌酶(终浓度 0.3 mg/mL),冰上放置 30 min,超声破碎细菌。

(3)加入 10 % Triton X – 100(终浓度 0.1 %),混匀,冰上放置 15 min,视具体情况可再次超声破碎。

(4)13 000 r/min,离心 10 min,取上清置于冰上,准备纯化。

2. 纯化

(1)将 NTA 树脂(一般为 1 mL)装入层析柱,用 NTA – 0 缓冲液洗去乙醇。

(2)将上述的上清加到 NTA 层析柱中,可收集流出成分,用于 SDS – PAGE 分析蛋白的结合情况。

(3)用 NTA – 0 缓冲液洗 4~5 次(视具体情况而定),每次 1 mL,洗去杂蛋白。

(4)用 NTA – 40 缓冲液洗 2 次,每次 1 mL,其中会含有目的蛋白和杂蛋白。

(5)用 NTA – 100 缓冲液洗 4 次,每次 500 μL,主要含有目的蛋白。

(6)用 NTA – 200 缓冲液洗 4 次,每次 500 μL,主要含有目的蛋白。

(7)用 NTA – 1000 缓冲液洗 2 次,每次 500 μL,主要含有目的蛋白。

3. 分析

每次都要收集流出成分,取 100 μL 样品进行 SDS – PAGE 分析,选取杂蛋白最少,目的蛋白最多的样品进行以后的实验。

(四)注意事项

对于不同的可溶性蛋白,进行纯化的洗涤缓冲液和洗脱缓冲液均不同,所以在条件允许时可以用含有不同咪唑浓度的缓冲液进行实验,选择最佳洗涤和洗脱条件进行纯化蛋白。

十二、蛋白质免疫印迹分析目的蛋白

（一）实验原理

经过 SDS – PAGE 分离的蛋白质样品,转移到固相载体(例如硝酸纤维素薄膜)上,固相载体以非共价键形式吸附蛋白质,且能保持电泳分离的多肽类型及其生物学活性不变。以固相载体上的蛋白质或多肽作为抗原与对应的抗体起免疫反应,再与酶或同位家标记的第二抗体起反应,经过底物显色或放射自显影以检查电泳分离的待异性目的基因表达的蛋白成分。

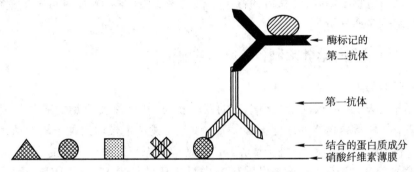

图 3 – 6　western blot 原理示意图

（二）器材与试剂

SDS – PAGE 实验的全部材料,电转移装置,硝酸纤维素薄膜($0.45\ \mu m$),滤纸,玻璃大平皿等。

转移电泳缓冲液(pH 8.3),PBS 溶液(pH 7.4),洗涤液(PBST),封闭液,一抗,酶标二抗:(如辣根过氧化物酶标记的 SPA),底物液(临用前配)。

（三）实验步骤

1. 对基因工程产物的蛋白样品进行 SDS – PAGE 电泳分离。

2. 转膜:

（1）切除凝胶多余的边缘部分,用直尺量的胶的长和宽,计算出面积。然后将胶浸入转移缓冲液中平衡 10 min(摇床上进行)。

（2）裁 8 张同胶大小的滤纸和一张硝酸纤维素膜,均用转移缓冲液平衡 10 min(摇床上进行)。将两张滤纸叠为一层。

（3）从电极负极到正极依次按下图顺序叠放如下:海绵、滤纸一层、电泳凝胶硝酸纤维素膜、三层滤纸、海绵,操作时注意不要有气泡出现在里面。固定好后放入电泳槽中,接通电源,以每平方厘米 4 毫安的恒定电流转移 30 min ~ 45 min。

3. 封闭:转膜结束,关闭电源,取出硝酸纤维素膜。将膜浸入封闭液中,脱色摇床上缓慢振荡 30 min。

4. 加一抗:将膜用 PBST 洗三次,每次 5 min,然后加入已作适当稀释的一抗中,37 ℃振荡 1 h,或室温缓慢振荡 2 h,或 4 ℃振荡过夜。

5. 加酶标二抗:用 PBST 洗膜三次,每次 5 min,然后加入酶标二抗,37 ℃振荡 1 h,室温振荡缓慢振荡 2 h。

6. 显色:用 PBST 洗膜三次,每次 5 min,然后将膜进入到底物液中,轻轻晃动数秒后避光静置,待特异性条带清晰显现即换 ddH₂O 以终止反应。

(四) 注意事项

1. 转移电流不能太大以免产热过多,影响条带清晰度。

2. 封闭液有小牛血清、脱脂奶粉等。但如果封闭液中含有能和一抗结合的蛋白质,就要避免使用这种封闭液。

3. PVDF(聚偏二氟乙烯)膜是一种新的固相膜载体,有很好的化学稳定性和机械强度,固定效果好,敏感度提高,转移后的标本不仅可做免疫学检测,而且可直接进行蛋白质或多肽的氨基酸序列分析。

十三、种子、发酵培养基制备及培养基实消

(一) 实验原理

1. 种子培养基:必须有较完全和丰富的营养物质,特别需要充足的氮源和生长因子;种子培养基中各种营养物质的浓度不必太高。供孢子发芽生长用的种子培养基,可添加一些易被吸收利用的碳源和氮源;种子培养基成分还应考虑与发酵培养基的主要成分相近。

2. 发酵培养基:发酵培养基是发酵生产中最主要的培养基,它不仅耗用大量的原材料,而且也是决定发酵生产成功与否的重要因素。① 根据产物合成的特点来设计培养基:对菌体生长与产物相偶联的发酵类型,充分满足细胞生长繁殖的培养基就能获得最大的产物。对于生产氨基酸等含氮的化合物时,它的发酵培养基除供给充足的碳源物质外,还应该添加足够的铵盐或尿素等氮素化合物。② 发酵培养基的各种营养物质的浓度应尽可能高些(可以通过流加来实现),这样在同等或相近的转化率条件下有利于提高单位容积发酵罐的利用率,增加经济效益。③ 发酵培养基需耗用大量原料,因此,原料来源、原材料的质量以及价格等必须予以重视。

3. 培养基的蒸汽实罐消毒(实消)实消是指将培养基全部加入发酵罐后,用蒸汽对实罐进行消毒的方法。

(二) 器材与试剂

无菌吸管,无菌空平皿,吸球,天平,试管,量筒,小烧杯,大烧杯,玻璃棒,药匙,pH 试纸,分装漏斗,牛皮纸,麻绳,标签。

菌种(重组大肠杆菌),种子培养基(牛肉膏、蛋白胨、NaCl),发酵培养基[酵母粉、蛋白胨、NaCl,消泡剂(如食用油)]等。

(三) 实验步骤

1. 种子培养基(肉汤培养基)配方:牛肉膏 3.0 g、蛋白胨 10.0 g、NaCl 5.0 g、蒸溜水 1 000 mL,调 pH 至 7.4 ~ 7.6。

2. 发酵培养基(LB 培养基)配方:酵母粉 5 g、蛋白胨 10 g、NaCl 5 g,蒸溜水 1 000 mL。

3. 溶解:一般情况下,几种药品可一起倒入烧杯内、先加入少于所需要的总体积水进行加热溶解(但在配制化学成分较多的培养基时,有些药品,如磷酸盐和钙盐、镁盐等混在一起容易产生结块、沉淀,故宜按配方依次溶解。个别成分如能分别溶解,经分开灭菌后混

合,则效果更为理想)。加热溶解时,要不断搅拌。如有琼脂在内,更应注意。待完全溶解后,补足水分到需要的总体积。

4. 调节 pH:用滴管逐滴加入 1 mol/L NaOH 或 1 mol/L HCl 边搅动;边用精密的 pH 试纸测其 pH,直到符合要求时为止。pH 也可用 pH 计来测定。pH 可略高,高压灭菌后 pH 会下降。

5. 过滤:趁热用四层纱布过滤。

6. 分装:按照实验要求进行分装。装入试管中的量不宜超过试管高度的 1/5,装入三角烧瓶中的量以烧瓶总体积的一半为限。在分装过程中,应注意勿使培养基沾污管口或瓶口,以免弄湿棉塞,造成污染。

7. 加塞:培养基分装好以后,在试管口或烧瓶口上应加上一只棉塞。棉塞的作用有二:一方面阻止外界微生物进入培养基内,防止由此而引起的污染;另一方面保证有良好的通气性能,使微生物能不断地获得无菌空气。因此棉塞质量的好坏对实验的结果有很大影响。

8. 灭菌:在塞上棉塞的容器外面再包一层牛皮纸,以防冷凝水沾湿,便可进行灭菌。培养基的灭菌时间和温度,需按照各种培养基的规定进行,以保证灭菌效果和不损坏培养基的必要成分。常用条件为 121 ℃、20 min。

如果分装的斜面,要趁热摆放并使斜面长度适当(为试管长度 1/3 ~ 1/2,不能超过 1/2)。培养基经灭菌后,应保温培养 2 ~ 3 d,检查灭菌效果,无菌生长者方可使用。

(四)注意事项

1. 配制固体培养基用的琼脂应先行用冷水浸泡,纱布过滤,在调好 pH 后加入。

2. 配制发酵培养基时应小心溶解淀粉,不要成团。

十四、发酵种子扩大培养、一级种子制备

(一)实验原理

发酵时间的长短和接种量的大小有关,接种量大,发酵时间则短。将较多数量的成熟菌体接入发酵罐中,就有利于缩短发酵时间,提高发酵罐的利用率,并且也有利于减少染菌的机会。对于不同产品的发酵过程来说,必须根据菌种生长繁殖速度快慢及生产的规模决定种子扩大培养的级数,为发酵罐的投料提供足够数量的代谢旺盛的种子。

(二)器材与试剂

超净工作台,摇床,移液管等。

重组大肠杆菌 pET - 28a - SOD,种子斜面,种子平板,种子培养基,发酵培养基。

(三)实验步骤

1. 种子制备

(1)将冰箱中保存的重组大肠杆菌菌种,无菌操作下接种于种子斜面,37 ℃中恒温培养 16 ~ 18 h 革兰染色,镜检。

(2)从种子斜面接种种子平板四区划线分离,37 ℃中恒温培养 16 ~ 18 h。

2. 种子扩大培养

用灭菌牙签分别挑取 5 个菌落接种到 2 mL LB - Kan(50 μg/mL)液体培养基中,37 ℃振荡培养过夜,即得新鲜种子液。

3. 一级种子制备

1 000 mL 三角瓶中装发酵培养基 200 mL,用灭菌移液管吸取 20 mL 新鲜种子液接种于三角瓶中,在摇床中 30 ℃、200 r/min 条件下恒温培养 48 h。

（四）注意事项

1. 将冰箱中保存的菌种取出,应在 37 ℃恒温培养箱中活化 3 h。

2. 种子培养与一级种子制备的培养基、时间均不同。

3. 摇床的使用应注意转速。

十五、接种与发酵控制管理

（一）实验原理

发酵罐的结构可分为罐体和控制器两部分。

罐体为一硬质玻璃圆筒,底和顶两端用不锈钢及橡胶垫圈密封构成,容积为 5 L,顶盖上有 8 个孔口,分别是加料及接种口、补料口、溶氧电极口、放置温度电极口、放置 pH 电极口、放置消泡电极口、放置取样管口、进气口、放置搅拌器及冷凝管口。

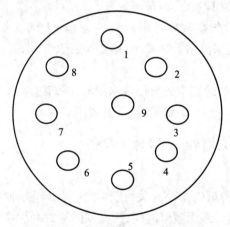

图 3 -7 发酵罐顶盖,表示各孔口

1. 加料及接种口;2. 补料口;3. 放置消泡电极口;4. 放置 D. O(溶解氧)电极口;

5. 放置 pH 电极口;6. 放置温度电极口;7. 进气口;8. 取样口;9. 放置搅拌器及冷凝管口

发酵罐放置在罐座上,罐座除支持发酵罐外,还有搅拌器转动装置,升温和冷却装置等。

控制器能够完成基本的控制功能,由下列几部分构成。

（1）参数输入及显示装置 用以输入控制发酵条件的各种参数及显示发酵过程中罐内培养液的温度、pH、DO(溶氧)的测定数值。

（2）电极校正装置 用以校正 pH 电极和 DO 电极等。

（3）酸碱泵 用以向发酵罐加入酸液、碱液以调节培养液中的 pH。

（4）消泡剂加入泵 用以向发酵罐加入消泡剂,以消除发酵过程中产生的过多的泡沫。

（5）电极电导连线 分别连接控制发酵罐的 DO、pH、温度、泡沫等。

（6）空气调节装置　控制器的空气调节装置由进气口、出气口、空气减压阀、空气压力表、空气流量调节阀和空气流量计组成,用以调节进入发酵罐的空气流量及压力。进气管与空气压缩机或氧气瓶相连;出气管与发酵罐之间接有空气过滤器,以滤除空气中的微生物,避免染菌。

（二）器材与试剂

5L 小型发酵罐,空气压缩机,蒸汽发生器,分光光度计,IPTG 等。

（三）实验步骤

1. 上罐前的准备

（1）洗净发酵罐及各连接管路:空消。

（2）取配制、灭菌好的发酵培养基 2.5 L,置于罐内,并加入适量消泡剂(食用油 1:100)。

（3）按发酵罐的使用方法灭菌(发酵罐操作):实消。

（4）校正 pH 电极和溶氧电极。

2. 上罐时的操作步骤

（1）把发酵罐置罐座上,连接各电极导线。

（2）接通控制器、参数输入及显示装置、电极校正装置及罐座电源。

（3）按控制器、参数输入与显示装置上的 AUTO 键,使发酵罐处在自动控制状态。

（4）连接压缩空气管路,接通空气压缩机电源,调节贮气罐出气压力为 0.5 ~ 1.0 MPa,通入压缩空气,调节空气流量计旋钮,使浮子悬浮在 6 ~ 9 L/min 处。

（5）调节搅拌转速为 300 r/min。

（6）连接冷却水管路,打开自来水龙头,通入冷却水。

（7）输入各控制参数,本机自动控制发酵过程中的温度(30 ℃)、pH(7.1)及显示 DO 值(100 %)。控制参数的输入是通过参数输入及显示装置进行的。

（8）当发酵罐的温度达到 30 ℃时,进行接种。

将酒精置接种口环内,点燃,进行无菌接种,接入种子。密封接种口。接种后 5 min 进行第一次取样。

3. 发酵过程中各指标的测定

发酵过程中,虽然能自动监控温度、pH 等重要参数,但是仍然需要专人负责照看,完成下列工作。

（1）经常注意发酵罐的运转是否正常,检查各控制参数是否在合适的范围内,遇到故障及时排除。

（2）每 30 min 取样测定:发酵液的 OD_{600} 值、超声(1.5 mL)。镜检观察细胞形态以了解细胞的生长情况及检查是否有杂菌污染。

（3）发酵 3 h 后,加 IPTG(1:1 000)诱导 SOD 表达。

（4）随着培养时间的延长,适当调节进气量和搅拌转速,以维持一定的 DO 值(溶氧浓度)。

（5）每 20 min 记录发酵过程的培养温度、搅拌转速、pH、溶氧浓度、空气流量等参数,并记录操作情况。

4. 放罐

经过大约 12 h 发酵,菌体发酵进入稳定期,便可放罐。发酵液离心后得到的上清液进入下一步的分离提纯操作。

5. 清洗

(1) 放罐后,向发酵罐内加入 4 000 mL 水。

(2) 把取样管插入发酵罐内,固定。连同其他接触过微生物的容器和物品,置高压蒸汽灭菌锅中灭菌。

(3) 灭菌后清洗干净,按要求存放。

(四) 注意事项

应严格按照工艺要求规范操作,合理安排轮流值班。

十六、发酵液目的蛋白活性检测

(一) 实验原理

超氧化物歧化酶(superoxide dismutase,SOD),能通过歧化反应清除生物细胞中的超氧自由基($O_2^{\cdot-}$),生成 H_2O_2 和 O_2。H_2O_2 由过氧化氢酶(CAT)催化生成 H_2O 和 O_2,从而减少自由基对有机体的毒害,对于炎症、自身免疫性疾病、放射病、肿瘤以及衰老等都有明显预防和治疗作用;在化妆品添加剂领域,不仅有抗皱、去斑、去色素等功能,而且还有抗炎症、防晒、延缓皮肤衰老等作用;它还可用于生产保健品、食品添加剂等,受到广泛关注。

根据国际酶学委员会规定,酶的比活性用每毫克蛋白质具有的活性单位来表示,因此,测定样品的比活性必须测定:① 每毫升样品中的蛋白质毫克数。② 每毫升样品中的酶活性单位数。由于超氧自由基($O_2^{\cdot-}$)为不稳定自由基,寿命极短,测定 SOD 活性一般为间接方法。并利用各种呈色反应来测定 SOD 的活力。常采用邻苯三酚自氧化法。邻苯三酚自氧化的机理极为复杂,它在碱性条件下,能迅速自氧化,释放出 O_2,生成带色的中间产物。反应开始后,反应液先变成黄棕色,几分钟后转绿,几小时后又转变成黄色,这是因为生成的中间物不断氧化的结果。这里测定的是邻苯三酚自氧化过程中的初始阶段,中间物的积累在滞留 30 ~ 45 s 后,与时间成线性关系,一般线性时间维持在 4 min 的范围内。中间物在 420 nm 波长处有强烈光吸收,当有 SOD 存在时,由于它能催化 O_2^- 与 H^+ 结合生成 O_2 和 H_2O_2,从而阻止了中间物的积累,因此,通过计算就可求出 SOD 的酶活性。邻苯三酚自氧化速率受 pH,浓度和温度的影响,其中 pH 影响尤甚,因此,测定时要求对 pH 严格掌握。现有试剂公司开发的 SOD 试剂盒使用较方便,灵敏度高。

(二) 器材与试剂

水浴箱,离心机,分光光度计,SOD 试剂盒,考马斯亮蓝 G250 等。

(三) 实验步骤

1. 酶活力测定

(1) Tube 管取 1.5 mL 发酵液进行离心,4 000 r/min,10 min(或 10 000 r/min,1 min),弃上清,收集沉淀用 2.5 mmol/L 磷酸钾缓冲液 500 μL(含溶菌酶 1 mg/mL,1 % Triton - X100)悬浮。

(2) 冰浴超声(400 W 3 s,间隔 5 s,90 次),超声破碎细菌至细菌悬液变的清亮透明。

4 ℃保存。8 000 r/min 离心 10 min，上清液即为 SOD 粗酶液。

（3）测定总 SOD 活性，按表 3 – 10 加样。

表 3 – 10   酶活性测定加样表

试剂	测定管	对照管
1 号	1.0 mL	1.0 mL
样品	10 μL	
蒸馏水		10 μL
2 号	0.1 mL	0.1 mL
3 号	0.1 mL	0.1 mL
4 号	0.1 mL	0.1 mL
混匀，37 ℃水浴 40 min		
显色剂	2 mL	2 mL

注：测定时先混匀，置室温 10 min，蒸馏水调零，550 nm 比色检测。

（4）计算   SOD 相对分子质量约为 25 000，IPTG 诱导 3 h 时重组蛋白表达量最高，约占总蛋白的 50 %。酶活性计算公式如下：

总 SOD

$$活力（\%）=\frac{A_{对照}-A_{测定}}{A_{对照}}\times 反应体系稀释倍数 \times 测试样品稀释倍数$$

2. 考马斯亮蓝法测蛋白

（1）标准比较法测定样品提取液中蛋白质的含量

	U 待测管	S 标准管	B 对照管
样品/mL	0.1	0	0
标准蛋白质/mL	0	0.1	0
0.9 %生理盐水/mL	0	0	0.1
考马斯亮蓝/mL	3	3	3
放置时间	5 min	5 min	5 min
A_{595}			调零

（2）结果计算

样品蛋白质含量（μg/g）= A_U × 结晶牛血清蛋白的含量（μg/mL）× 提取液总体积（mL）/[A_S × 测定所须提取液体积（mL）× 样品鲜重（g）]

（四）注意事项

1. Bradford 法由于染色方法简单迅速，干扰物质少，灵敏度高，现已广泛应用于蛋白质含量的测定。

2. 有些阳离子（如 K^+、Na^+、Mg^{2+}）及（NH4）$_2$SO$_4$、乙醇等物质不干扰测定，但大量的

去污剂如 TritonX – 100、SDS 等严重干扰测定。

3. 蛋白质与考马斯亮蓝 G250 结合的反应十分迅速,在 2 min 左右反应达到平衡;其结合物在室温下 1 h 内保持稳定。因此测定时,不可放置太长时间,否则将使测定结果偏低。

（五）思考题

1. 利用密度梯度离心法分离单个细胞,为何要将血液样品进行适当稀释并要叠加于分层液上?

2. 如何提高 RT – PCR 的灵敏度和特异性?

3. DNA 连接应注意什么?

4. 转化时为什么要设置阴性对照? 如阴性对照中长出菌,请分析原因。

5. 质粒提取中溶液 Ⅰ、溶液 Ⅱ 和溶液 Ⅲ 的作用分别是什么?

6. 对核酸进行限制性酶切时应注意什么? 核酸回收时应该注意哪些要点?

7. 作为基因工程表达载体,是不是只需含有目的基因就可以完成任务呢? 为什么?

8. SDS 在 PAGE 电泳方法中的作用是什么? TEMED 和 AP 的作用为何?

9. 免疫印迹实验的原理是什么? 与免疫学相关概念有什么主要联系?

10. 种子培养基、发酵培养基的应用原理?

11. 种子扩大培养、一级种子制备的特点与原理?

12. 影响酶活性测定的准确性的主要因素是什么? 应如何克服?

（李佩珍）

实验十
固定化脂肪酶拆分 1 - 苯乙醇

药物的手性问题在制药工业界愈来愈受到重视。最重要的原因是药物的作用靶点 - 生物体的酶和细胞表面受体是手性的。外消旋药物的两个对映体在体内以不同的途径被吸收、活化或降解后,就与具有不同手性特性的靶点结合,这两种对映体可能有不相同的药理活性。2006 年全球上市的化学药中,60 % 是单一对映体;2010 年手性药物市场超 2 000 亿美元。对于含有手性因素的药物倾向于发展单一对映体;新申请的消旋药物必须提供两个对映体的生理活性和毒理数据。

1 - 苯乙醇及其衍生物是一类重要的光学模块化合物,常作为精细化学品、医药、天然产品等的合成前体。其(R) - 、(S) - 两种对映体均有重要的应用价值,(R) - 1 - 苯乙醇及其衍生物常作为香料大量应用于化妆品行业中,且用于眼科防腐剂、溶剂变色染料、胆固醇肠道吸收抑制剂等;(S) - 1 - 苯乙醇及其衍生物常作为许多药物的合成前体,如抗抑郁药物舍曲林、治疗哮喘的药物(S) - 异丙肾上腺素、免疫增强剂左旋咪唑等。目前,生物法主要通过脂肪酶转酯化拆分混旋醇得到单一构型 1 - 苯乙醇,多数催化拆分反应的脂肪酶来源于微生物,其中以南极假丝酵母脂肪酶 B(CALB)的研究最为广泛。固定化的 CALB 对 1 - 苯乙醇具有显著的选择性,产物的对映体过量值可以达到 99 %。

本实验内容分为三个小实验,包括脂肪酶的固定化、固定化脂肪酶在有机溶剂中催化 1 - 苯乙醇的拆分以及拆分反应产物的分离纯化。目的是让学生对脂肪酶拆分手性物质的原理及上下游工艺有比较全面的了解。

一、脂肪酶的固定化

（一）**实验目的**

1. 掌握吸附法制备固定化脂肪酶的原理及特点。
2. 掌握蛋白质含量分析方法。
3. 掌握脂肪酶水解活力测定方法。

（二）**实验原理**

游离的脂肪酶对环境变化的耐受力低,且难以回收利用。因此,脂肪酶的固定化一直是当今酶工程领域的研究热点之一。酶的固定化就是通过化学或物理的处理方法,使原来水溶性的酶与固态非水溶性支持物相结合。经过固定化,酶具有了比原来水溶性酶更多的优点,如能够提高酶的稳定性、易于与产物分离、增加酶的重复利用次数、更适合多酶反应体系。制备固定化酶的方法有多种,传统的固定化方法大致可以分为 5 类:吸附法、交联法、包埋法、结合法、热处理法。

其中,利用各种固体吸附剂将酶吸附在其表面,而使酶固定化的方法称为物理吸附法,简称吸附法。吸附法是最早出现的固定化方法,亦是最简单的固定化技术,在经济上也最具有吸引力。吸附法常用的固体吸附剂有活性炭、氧化铝、硅藻土、多孔陶瓷、多孔玻璃、硅胶、羟基磷石灰、多孔树脂等。可根据酶的特点,载体来源和价格,固定化技术的难度,固定化酶的使用要求等方面进行选择。采用吸附法制备固定化酶,操作简便,条件温和,不会引起酶的变性和失活,载体廉价易得,而且可以反复使用。但由于靠物理作用吸附,结合力较弱,酶容易从载体上脱落。影响吸附法固定化的主要因素如下。

(1) pH 影响载体和酶的电荷变化,从而影响酶吸附;离子强度:通常认为对吸附产生不利影响。

(2) 蛋白质浓度 在吸附剂质量固定的情况下,蛋白质吸附量随着蛋白质浓度的增加而增加,直至饱和。

(3) 温度 蛋白质往往随着温度上升而减少吸附。

(4) 吸附速率 蛋白质在固体载体上的吸附速率要比小分子慢。

(5) 载体 对于非多孔性载体,颗粒越小吸附量越强;对于多孔性载体,与吸附对象的大小和总吸附面积的大小有关。

本实验以大孔树脂为固定化载体,利用吸附法制备固定化脂肪酶。主要内容包括脂肪酶的固定化、测定纯酶溶液的水解活力和固定化脂肪酶的水解活力、测定纯酶溶液用于固定化前后的蛋白浓度和计算固定化的酶活回收率和蛋白回收率。

(三) 器材与试剂

电子天平,回旋式水浴恒温摇床,pH 计,真空干燥机,酶标仪,均质机,离心机,真空泵,移液器,96 孔酶标板,抽滤瓶,容量瓶,烧杯,量筒。

南极假丝酵母脂肪酶 B(CALB)的纯蛋白冻干粉,大孔吸附树脂 XAD16N、XAD1600N、XAD18、XAD1180N,牛血清白蛋白(BSA)标准品,对硝基苯酚(p-NP)标准品,对硝基苯酚丁酸酯(p-NPB),三羟甲基氨基甲烷(Tris),聚乙二醇辛基苯基醚(Triton X-100),85% 磷酸,浓盐酸,考马斯亮蓝 G250。

0.05 mol/L Hris-HCl 缓冲液(pH8.0):称取 6.055 g Tris 溶于 900 mL 蒸馏水中,加盐酸调 pH 至 8.0,加蒸馏水定容至 1 L。

0.05 mol/L 磷酸缓冲液(pH 8.0):称取 $NaH_2PO_4 \cdot H_2O$ 27.6 g,溶于 1 000 mL 蒸馏水中(A 液);称取 $Na_2HPO_4 \cdot 7H_2O$ 53.6 g(或 $Na_2HPO_4 \cdot 12H_2O$ 71.6 g 或 $Na_2HPO_4 \cdot 2H_2O$ 35.6 g),溶于 1 000 mL 蒸馏水中(B 液);将 5.3 mL A 液和 94.7 mL B 液混合,若 pH 不为 8.0,可再用 A 液或 B 液调节 pH 至 8.0,最后稀释 4 倍即得 0.05 mol/L 磷酸缓冲液(pH 8.0)。

(四) 实验方法

1. 脂肪酶的固定化

精确称取一定量 CALB 冻干粉溶解于 10 mL 50 mmol/L pH 8.0 磷酸缓冲液中,使蛋白浓度为 5 mg/mL 左右。加入 2.0 g 大孔树脂,水浴摇床振荡吸附 8 h(30 ℃,120 r/min),抽滤分离固体和上清液,并用 50 mmol/L pH 8.0 磷酸缓冲液清洗固定化酶,于真空干燥机内 35 ℃ 干燥至颗粒状,4 ℃ 冰箱保存待用。

2. 脂肪酶水解活力的测定

脂肪酶的水解活力通常使用水解橄榄油,通过 NaOH 溶液滴定脂肪酶水解橄榄油所产生的脂肪酸从而计算脂肪酶的水解活力。但该方法难以判断滴定的终点,实验结果误差较大。利用脂肪酶水解对硝基苯酚脂肪酸酯产生 p－NP 的显色反应测定脂肪酶的水解活力,精确度更高,可重复性更好。脂肪酶水解酶活力单位(1 U)定义为:在当前反应条件下,1 min 水解底物 p－NPB 所生成的 1 μmol p－NP 所需的脂肪酶量。方法如下:

表 3－11　不同浓度 pNP 溶液的 A_{405}

	pNP 溶液(μmol/L)					
	0	50	100	150	200	250
1						
2						
3						
平均 A_{405} 值						

(1) 制作 p－NP 在 405 nm 波长下的吸光值(A_{405})标准曲线。称取 0.347 8 g(2.5 mmol)的 p－NP,溶于 800 mL 0.1 mol/L Tris－HCl(pH 8.0)缓冲液,用 Tris－HCl 定容至 1 L,得 2.5 mmol/L p－NP 母液。根据表 3－11 配制梯度浓度的 p－NP 标准溶液。每个浓度分别测定 A_{405} 三次,以平均 A_{405} 为横坐标,p－NP 浓度为纵坐标,绘制标准曲线,利用线性回归求出标准曲线方程为 $Y = a \times X$,其中 Y 为 p－NP 的浓度(μmol/L),X 为 A_{405} 值。

(2) 配制 p－NPB 底物溶液。50 mmol/L p－NPB,1 % Triton X－100,在 50 mmol/L pH 8.0 Tris－HCl 缓冲液中高速均质乳化,避光保存于 4 ℃。

(3) 500 μL p－NPB 底物溶液、950 μL 50 mmol/L pH 8.0 磷酸缓冲液置于 50 mL 锥形瓶中,在恒温水浴摇床中(40 ℃,250 r/min)预热 5 min,精确称量一定质量的脂肪酶纯酶粉(或固定化脂肪酶),加入到反应体系中,40 ℃,250 r/min 反应 5 min。反应需要避光进行,可以用锡纸包裹锥形瓶。反应结束后 4 ℃,5 000 r/min 离心 2 min,取 200 μL 上清液转移到酶标板中用酶标仪测量 A_{405},每样品设 3 个平行,记录 A_{405} 平均值。以不加脂肪酶作为空白对照。酶活计算公式如下:

$$水解活力(U/g) = \frac{a(X_1 - X_0) \times 0.01}{t \times m}$$

式中:a—p－NP 的浓度与 A_{405} 值的相关系数,由标准曲线所得;

　X_1—样品 A_{405} 值;

　X_2—空白对照 A_{405} 值;

　0.01—反应体系 10 mL(0.01 L);

　t—反应时间,min;

　m—脂肪酶的质量,g。

3. 酶蛋白含量分析

酶蛋白含量分析采用考马斯亮蓝染色法,是利用蛋白质－染料结合的原理,定量测定微量蛋白浓度的快速、灵敏的方法。考马斯亮蓝 G250 存在着两种不同的颜色形式,红色和蓝色。它和蛋白质通过范德华力结合,在一定蛋白质浓度范围内,蛋白质和染料结合符合比尔定律(Beer's law)。此染料与蛋白质结合后颜色有红色形式和蓝色形式,最大光吸收由 465 nm 变成 595 nm,通过测定 595 nm 处光吸收的增加量可知与其结合蛋白质的量。方法如下:

(1) 配制考马斯亮蓝溶液 准确称取 100 mg 考马斯亮蓝 G250,溶于 50 mL 乙醇中,加入 85 % 的磷酸 100 mL,最后用去离子水定容至 1 000 mL,最终试剂中含 0.01 % 考马斯亮蓝 G250(m/V),4.7 % 乙醇(m/V)。

表 3 – 12 不同浓度 BSA 溶液的 A_{595}

	BSA 溶液(μg/mL)					
	0	20	40	60	80	100
1						
1						
2						
3						
平均 A_{595} 值						

(2) 制作蛋白质浓度标准曲线 配制牛血清蛋白(BSA)标准溶液,称取纯牛血清蛋白 100 mg,溶于 pH 8.0,0.05 mol/L 磷酸缓冲液中,定容至 1 000 mL,配成 100 μg/mL 的标准 BSA 溶液。根据表 3 – 12 配制梯度浓度的 BSA 标准溶液,置于各试管中,加入 5 mL 考马斯亮蓝溶液,摇匀,放置 2 min 后取 200 μL 上清液转移到酶标板中用酶标仪测量 A_{595},每样品设 3 平行,并以吸光度为纵坐标,蛋白质浓度为横坐标,线性回归作图得标准曲线方程。

(3) 样品中蛋白质含量的测定 估计样品中的蛋白含量,将其稀释至 0 ~ 100 μg/mL 浓度范围,准确量取 0.5 mL 待测液,同样测定其在 595 nm 的吸光度 A_{595},再从标准曲线上计算得浓度值,乘以稀释倍数,即为样品中的蛋白质含量。

4. 酶活回收率和蛋白吸附率的计算

(1) 酶活回收率

$$酶活回收率 = \frac{U_1 \times m_1}{U_0 \times m_0} \times 100 \%$$

式中:U_1—固定化脂肪酶的酶活,U/g;

　　m_1—制得固定化脂肪酶的总质量;

　　U_0—纯脂肪酶粉的酶活,U/g;

　　m_2—用于固定化的纯脂肪酶粉的总质量。

(2) 蛋白吸附率

$$蛋白吸附率 = \frac{C_0 - C_1}{C_0} \times 100 \%$$

式中:C_0—固定化前酶蛋白的浓度;

　　C_1—固定化后剩余酶液中蛋白的浓度。

（五）实验报告

以表 3 – 11 和表 3 – 12 为基础制作 p – NP 浓度标准曲线和 BSA 蛋白质浓度标准曲线，要求相关系数达到 0.99 以上；计算酶活回收率和蛋白吸附率，完成表 3 – 13，讨论载体的比表面积、特征孔径和粒径的对固定化结果的影响。

（六）思考题

吸附法制备固定化酶原理和特点？

载体的特性对酶活回收率和蛋白吸附率有何影响？

表 3 – 13　在不同固定化载体上的酶活回收率和蛋白吸附率

树脂	比表面积/(m^2/g)	特征孔径/10^{-10} m	粒径/μm	酶活回收率/%	蛋白吸附率/%
XAD16N	≥800	150	560 – 710		
XAD1600N	≥800	150	350 – 450		
XAD18	≥800	150	375 – 475		
XAD1180N	≥450	400	350 – 600		

二、有机相中脂肪酶催化 1 – 苯乙醇的拆分

（一）实验目的

1. 掌握脂肪酶制备手性化合物的原理。

2. 掌握手性色谱柱检测手性化合物的方法。

3. 掌握手性拆分反应参数的定义和计算方法。

（二）实验原理

脂肪酶是目前应用较好、具有大范围制备具有光学活性醇能力的生物催化剂之一。对于脂肪酶的对映体选择性，最典型也是研究得最具体的就是脂肪酶催化手性醇或胺所遵循的"Kazlanskas 规则"，是由 Kazlanskas 等研究了 *Pseudomonas cepacia* 脂肪酶对特定底物的对映选择性催化，提出脂肪酶的手性识别的经验规则。该规则可以理解为脂肪酶的活性中心包含两个"口袋"，其中一个大"口袋"，另一个为小的"口袋"。手性底物分子同样含有两个大小不同的取代基，当对映体的大取代基与脂肪酶活性中心的大"口袋"结合，小取代基与脂肪酶活性中心的小"口袋"结合，此时该对映体比较容易被催化；相反的，脂肪酶催化另一种对映体的反应，要在小"口袋"中容纳底物分子中较大的取代基，此时该对映体不容易被催化，由此造成脂肪酶催化两种对映体的反应速率差异。选择性与底物分子中取代基的大小的差别性有关，差别愈大，选择性愈好。此外，脂肪酶对映体选择性与催化反应的介质有很大关系，某些脂肪酶在极性强的介质（比如水）中选择性较低，而有机溶剂具有种类多、理化性质选择的余地比较大并且容易操作等优点，而且脂肪酶在有机溶剂中具有更高的催化活性和热稳定性，因此研究脂肪酶的对映体选择性通常在有机相中进行。

脂肪酶催化外消旋仲醇进行动力学拆分得到对映体纯化合物，是制备纯对映体的经典方法之一。在脂肪酶动力学拆分反应中，绝大部分是有机溶剂中的转酯化反应。外消旋仲醇在最优温度、合适的酰基供体和有机溶剂中，其中一个构型对映体选择性地生成相应的

酯,剩下未反应的另一个对映体则是纯品。烯醇酯作为酰基供体,是不可逆转酯化反应的最佳选择。这是由于生成的烯醇经酮-烯醇互变异构化逆反应被抑制,平衡向产物形成的方向移动。

本实验以上一个实验中制备的固定化 CALB 脂肪酶为催化剂,以正己烷为溶剂,催化 (R,S)-1-苯乙醇与丁酸乙烯酯的转酯反应。该固定化脂肪酶对 R 型底物具有选择性,因此产物为 (R)-1-丁酸苯乙酯、乙烯醇以及未反应的 (S)-1-苯乙醇。乙烯醇在常温条件下发生分子内重排,生成乙醛,因此该反应为不可逆反应。本实验的反应如图 3-8 所示。

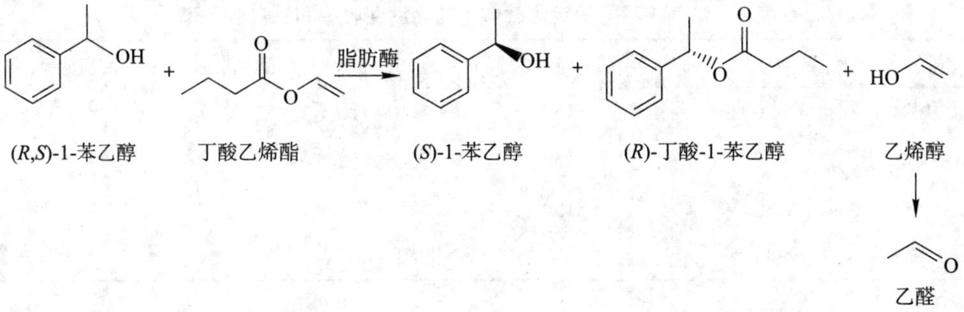

图 3-8 脂肪酶拆分 (R,S)-1-苯乙醇

（三）器材与试剂

电子天平,回旋式水浴恒温摇床,离心机,移液器,手性色谱柱,高效液相色谱(带紫外检测器)。

具塞锥形瓶,容量瓶,烧杯,量筒,一次性针式有机过滤头(规格 0.45 μm),一次性注射针管(规格 1 mL)。

固定化南极假丝酵母脂肪酶 B(由上一实验制备)。

标准品:(R,S)-丁酸-1-苯乙酯(CAS 号:3460-44-4),(R,S)-1-苯乙醇(CAS 号:13323-81-4)。

分析纯试剂(用于拆分反应):(R,S)-1-苯乙醇,丁酸乙烯酯,正己烷。

色谱纯试剂(用于高效液相色谱检测):正己烷,异丙醇。

（四）实验方法

1. 有机相中脂肪酶拆分 (R,S)-1-苯乙醇

为了防止溶剂的挥发,反应在 50 mL 的具塞锥形瓶中进行,加入 0.1 g 固定化脂肪酶,1 mmol (R,S)-1-苯乙醇和 1 mmol 丁酸乙烯酯,用正己烷补足 10 mL 体积,此时反应体系中 (R,S)-1-苯乙醇和丁酸乙烯酯浓度均为 100 mmol/L。具塞锥形瓶放置分别在 30 ℃、40 ℃和 50 ℃水浴摇床 200 r/min 反应 24 h,各取 200 μL 反应液,10 000 r/min 离心 5 min,用一次性针管吸取上清并用 0.45 μm 有机过滤头过滤,取 100 μL 滤液,用正己烷稀释成 1 mL,用于高效液相色谱分析。

2. 反应产物的色谱分析

（1）高效液相色谱检测 (R,S)-1-苯乙醇和 (R,S)-丁酸-1-苯乙酯的条件

色谱柱:手性色谱柱(Chiralcel OD,Japan,Daicel chemical,0.46φ×25);进样量:10 μL;

流动相:正己烷/异丙醇(99/1,V/V,1 mL/min);柱温:35 ℃;检测波长:UV 220 nm(紫外检测器)。

在上述条件下,(R,S)-丁酸-1-苯乙酯的两个对映体出峰时间在15 min之前,(R)-丁酸-1-苯乙酯先出峰,(S)-丁酸-1-苯乙酯后出峰。(R,S)-1-苯乙醇的两个对映体出峰时间在20 min至30 min,(S)-1-苯乙醇先出峰,(R)-1-苯乙醇后出峰。

（2）对映体的定量

采用外标法定量,准确称取不同量的(R,S)-1-苯乙醇和(R,S)-丁酸-1-苯乙酯的标准品加入到10 mL容量瓶中,用正己烷稀释至刻度,配制成浓度为10、20、30、40、50 mmol/L的(R,S)-1-苯乙醇和(R,S)-丁酸-1-苯乙酯标准溶液,由于S型对映体和R型对映体的量是相等的,因此两种标准品溶液中的各对映体浓度为5、10、15、20、25 mmol/L。测定不同浓度标准品溶液的峰面积,每个浓度测定三次,制作峰面积-对映体浓度的标准曲线。利用线性回归分别求出各对映体标准曲线的回归方程,$Y=a_b \times X$($b=1$,2,3,4),其中X为峰面积,Y为对映体浓度。样品中的各对映体浓度根据检测谱图的色谱峰面积,代入到各自标准曲线回归方程计算得。

表3-14　不同浓度对映体的峰面积

对映体	测定次数	对映体浓度/(mmol/L)				
		5	10	15	20	25
(S)-1-苯乙醇	1					
	2					
	3					
	平均					
(R)-1-苯乙醇	1					
	2					
	3					
	平均					
(R)-丁酸-1-苯乙酯	1					
	2					
	3					
	平均					
(S)-丁酸-1-苯乙酯	1					
	2					
	3					
	平均					

3. 反应参数的定义和计算

（1）对映体过量值(enantiomeric excesses)　用ee(%)表示,表示底物或产物中一种对映体对另一种对映体的过量程度。$ee_s(\%)$ 表示底物(substrate)的对映体过量值,$ee_p(\%)$ 表示产物(product)的对映体过量值。

$$ee_s(\%) = |R_s - S_s|/(R_s + S_s)$$
$$ee_p(\%) = |R_p - S_p|/(R_p + S_p)$$

式中:R_s——R 型底物,即 $(R)-1-$ 苯乙醇的浓度;

　　　S_s——S 型底物,即 $(S)-1-$ 苯乙醇的浓度;

　　　R_p——R 型产物,即 $(R)-$ 丁酸 $-1-$ 苯乙酯的浓度;

　　　S_p——S 型产物,即 $(S)-$ 丁酸 $-1-$ 苯乙酯的浓度。

(2) 转化率(conversion),用 $c(\%)$ 表示。

$$c(\%) = ee_s/(ee_s + ee_p) \times 100\%$$

(3) 对映体选择率(enantiomeric ratio)　用 E 表示。ee 值反映了在一定体系下酶对于对映体的选择性,c 值反映了在一定体系下酶的催化能力,这两个数据是表征一定条件下酶的催化能力的重要参数。E 值则综合考虑以上两因素对酶催化反应的影响。

$$E = \ln[1 - c \times (1 + ee_p)]/\ln[1 - c \times (1 - ee_p)]$$

(五) 实验报告

以表 3-14 为基础制作对映体浓度标准曲线,要求相关系数达到 0.99 以上;计算正己烷中固定化脂肪酶拆分 $(R,S)-1-$ 苯乙醇反应的 $ee_s(\%)$、$ee_p(\%)$、$c(\%)$ 和 E,完成表 3-15,并讨论反应温度对拆分结果的影响。

表 3-15　不同温度下固定化脂肪酶拆分 $(R,S)-1-$ 苯乙醇

反应温度/℃	ee_s/%	ee_p/%	c/%	E
30				
40				
50				

(六) 思考题

脂肪酶拆分手性物质的原理? 反应温度对拆分结果的影响?

底物对映体过量值、产物对映体过量值、转化率和对映体选择率分别表征脂肪酶的哪方面特性? 在实际应用中哪个参数更为重要?

三、对映体产物的分离

(一) 实验目的

1. 了解减压蒸馏的原理和应用范围。

2. 认识减压蒸馏的主要仪器设备并掌握操作方法。

(二) 实验原理

上一实验的脂肪酶催化拆分 $(R,S)-1-$ 苯乙醇的反应中,产物 $(R)-$ 丁酸 $-1-$ 苯乙醇和未反应的底物 $(S)-1-$ 苯乙醇的沸点存在差异,因此可以用蒸馏的方法将两者分开。但产物在标准大气压下的沸点为 249 ℃,高温容易使产物氧化或碳化,因此可以用减压蒸

馏的方法在较低的温度下实现产物和底物的分离。

减压蒸馏是分离和提纯有机化合物的一种重要方法。它特别适用于那些在常压蒸馏时未达到沸点即已受热分解、氧化或聚合的物质。液体的沸点是指它的蒸气压等于外界大气压时的温度,液体沸腾的温度是随外界压力的降低而降低的。因而如用真空泵连接盛有液体的容器,使液体表面上的压力降低,即可降低液体的沸点。如图 3 - 9 所示,常用的减压蒸馏系统可分为蒸馏装置、抽气装置、保护与测压装置 3 部分。

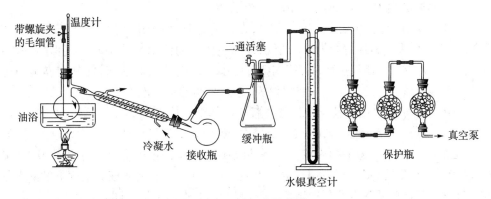

图 3 - 9 减压蒸馏装置

蒸馏装置:与普通蒸馏相似。圆底烧瓶中插入一根距瓶底约 2 mm、末端拉成毛细管的玻管。毛细管的上端连有一段带螺旋夹的橡皮管,螺旋夹用以调节进入空气的量,使极少量的空气进入液体,呈微小气泡冒出,作为液体沸腾的气化中心,使蒸馏平稳进行,又起搅拌作用。

抽气装置:实验室通常用水循环泵或油泵进行减压。水循环泵的最大真空度只能达到 0.05 个大气压左右。对于沸点高的物质,需要更大的真空度以降低沸点,需要采用油泵。油泵结构较精密,工作条件要求较严。蒸馏时,如果有挥发性的有机溶剂、水或酸的蒸气,都会损坏油泵并降低其真空度。因此,使用时必须十分注意油泵的保护。

保护和测压装置:在接收瓶与油泵之间顺次安装缓冲瓶、真空压力计和保护瓶。缓冲瓶的作用是起缓冲以及使系统能通大气,上面装有一个两通活塞。保护瓶通常设三个:第一个装无水 $CaCl_2$ 或硅胶,吸收水汽;第二个装粒状 NaOH,吸收酸性气体;第三个装切片石蜡,吸收烃类气体。对于成分清楚的液体的蒸馏,可以根据实际情况适当减少或者取消保护瓶。

(三) 器材与试剂

真空泵(油泵),离心机,以及如图 3 - 9 中所示各装置。

正己烷,NaOH,$CaCl_2$,无水硫酸镁。

(四) 实验方法

1. 脂肪酶的回收

将反应液于 4 ℃、6 000 r/min 离心 5 min,用 10 mL 正己烷重悬脂肪酶,再次 4 ℃、6 000 r/min 离心 5 min,自然状态下风干。按照实验一中的水解活力测定方法测定回收的脂肪酶活力,计算脂肪酶的失活百分比。

2. 常压蒸馏分离低沸点物质

将离心后的反应液加入到圆底烧瓶中,注意反应液体积不应超过烧瓶容积的1/2,加入几粒沸石,按图3-9安装好装置,但不接真空泵,进行常压蒸馏,收集低沸点物质,温度加热到120 ℃为止,停止蒸馏。此时馏分为溶剂正己烷、未反应的底物丁酸乙烯酯、以及副产物乙醛,蒸馏剩余的物质为1-苯乙醇和丁酸1-苯乙酯。收集馏分,换上新的收集瓶,进行下一步实验。

3. 减压蒸馏分离1-苯乙醇和丁酸1-苯乙酯

(1) 如图3-9安装好减压蒸馏装置后,先旋紧毛细管上的螺旋夹,打开安全瓶上的二通活塞,使体系与大气相通,启动油泵抽气,逐渐关闭二通活塞使体系真空度保持在1 kPa(0.01个大气压)左右;若超过所需的真空度,可小心地旋转二通活塞,使其慢慢地引进少量空气。调节毛细管上的螺旋夹,使液体中有连续平衡的小气泡产生。

(2) 开启冷凝水,油浴加热蒸馏,蒸馏瓶圆球部至少应有2/3浸入油浴中。在油浴中放一温度计,控制油温缓慢上升,观察到有馏分流出,立即记录烧瓶内温度计读数,该温度即1-苯乙醇在1 kPa压力下的沸点。控制油温在这个温度附近,使每秒钟馏出0.5~1滴馏分,直到不再有物质馏出。注意1-苯乙醇和丁酸-1-苯乙酯在该真空度下的沸点仅相差20~25 ℃,因此必须严格控制油浴温度,否则有可能将两种物质同时蒸出。

(3) 蒸馏完毕,移去热源,慢慢旋开螺旋夹(防止倒吸),再慢慢打开二通活塞,平衡内外压力,使测压计的水银柱慢慢地回复原状,然后关闭油泵和冷却水。切勿先关闭油泵,会引起泵中的油倒吸。

4. 减压蒸馏产物的纯化和检测

圆底烧瓶内液体用5倍体积饱和氯化钙溶液洗2次(以除去可能残留的1-苯乙醇),5倍体积蒸馏水洗2次,10 000 r/min离心10 min,收集上清用无水硫酸镁干燥,干燥后的液体与收集瓶中的液体用实验二的高效液相色谱方法检测。若脂肪酶的手性选择性足够强,则收集瓶中的液体应为纯度较高的(S)-1-苯乙醇,而圆底烧瓶内的液体经纯化后则为纯度较高的(R)-丁酸-1-苯乙醇。至此已经将(R,S)-1-苯乙醇的两个对映体分开,只需将(R)-丁酸-1-苯乙醇水解后即得(R)-1-苯乙醇。

(五) 实验报告

详细记录实验操作步骤,准确记录实验过程中温度和真空度的变化情况,根据产物的色谱图计算分离后的(S)-1-苯乙醇和(R)-丁酸-1-苯乙醇的纯度。

(六) 思考题

混合物在怎样的情况下应使用减压蒸馏进行分离?

减压蒸馏时有哪些操作需要特别值得注意?

将(R)-丁酸-1-苯乙醇转变为(R)-1-苯乙醇还需要经过哪些步骤?尝试自己设计实验制备(R)-1-苯乙醇,并根据底物(R,S)-1-苯乙醇的添加量计算产物的回收率。

(金 子)

实验十一

固定化细胞制备 L – 苯丙氨酸

L – 苯丙氨酸是一种天然氨基酸,为人体必需的 8 种氨基酸之一。L – 苯丙氨酸用作试剂及医药上的肠胃外营养输液,也是特殊人员合成膳食、必需氨基酸片等营养强化剂的成分。L – 苯丙氨酸对治疗苹果疮痂病也有效,其作用方式是干扰病原菌或微生物代谢,使抗药性改变,从而达到防治效果。L – 苯丙氨酸还可以治疗忧郁症、慢性肌肉疼痛和其它临床疾病。近年来亦有研究发现某些恶性肿瘤细胞需要 L – 苯丙氨酸是正常细胞的 3 – 5 倍。因此 L – 苯丙氨酸是治疗这些肿瘤的药物的良好载体。抗癌药物载体苯丙氮芥、甲酰溶肉瘤素、甲氧芳芥等都是以 L – 苯丙氨酸为母体合成的。此外,L – 苯丙氨酸的另一个重要用途是生产阿斯巴甜,亦称天冬甜素,国内俗称蛋白糖,甜味与蔗糖相似,甜度为蔗糖的 200倍,是一种低热量、安全营养型甜味剂。

由于 L – 苯丙氨酸应用的迅速开展,促进了生产这种有光学活性氨基酸的各种方法的研究。L – 苯丙氨酸的制备方法主要有直接发酵法、化学合成法、提取法、酶法等。近年来研究的重点放在微生物细胞转化生产 L – 苯丙氨酸方向,目前使用的微生物有红酵母属(*Rhodotorula* sp.),假单胞菌属(*Pseudomonas* sp.),大肠杆菌(*Escherichia coli*)以及一些基因工程菌等。以固定化细胞代替游离细胞是另一研究热点。包埋法,交联法是主要的固定化方法;壳聚糖、明胶、卡拉胶、聚丙烯酰胺等被证明是廉价的优质固定化细胞材料,发展潜力大。

本实验内容分为四个小实验,包括大肠杆菌的发酵及固定化、包埋 – 交联双重固定大肠杆菌细胞、填充床反应器连续制备 L – 苯丙氨酸以及 L – 苯丙氨酸的分离纯化。目的是让学生对产天冬氨酸氨基转移酶(以下简称"转氨酶")的大肠杆菌固定化细胞催化苯丙酮酸转化 L – 苯丙氨酸的原理及上下游工艺有比较全面的了解。同时与实验十不同的是,本节实验中引入条件优化的概念,引导学生掌握科学研究的基础思路。

一、大肠杆菌的发酵及固定化

(一) 实验目的
1. 掌握大肠杆菌的发酵流程。
2. 掌握包埋法固定化细胞的原理和方法。

(二) 实验原理
细胞固定化技术是采用物理或化学的手段将游离细胞定位于限定的空间区域,使其成为一种既保持本身催化活性,又可在反应之后回收和反复利用的生物催化剂,尤其是在需要利用胞内酶或者复合酶系时,固定化细胞相比固定化酶具有明显优点:它免去了破碎细胞、提取纯化酶的复杂程序,酶在细胞内环境中的稳定性较高,酶活性损失较少;固定化细胞保持了细胞内原有的酶系、辅酶体系和代谢调控体系,可以按照原来的代谢途径进行新陈代谢和有效的新陈代谢控制；一般来说,制备固定化细胞的成本要比固定化酶低,工艺也更简单。

微生物细胞的固定化方法主要有吸附法、包埋法、交联法、共价结合法和超过滤法,其中以包埋法最为常用。包埋法的原理是将微生物细胞截留在水不溶性的凝胶聚合物孔隙的网络空间中。通过离子网络形成、聚合作用、沉淀作用,或改变溶剂、温度、pH 使细胞截留,凝胶聚合物的网络阻止细胞的泄露,同时让底物渗入以及使产物扩散。

包埋法采用的材料可分为天然高分子多糖类和合成高分子化合物两大类。天然高分子多糖类的海藻酸钠和卡拉胶应最多,它们具有固化成型方便,对微生物细胞毒性小及固定化密度高等优点,但抗微生物细胞分解的能力差,机械性能较低。合成高分子化合物如聚丙烯酰胺,化学性能稳定,机械强度高,但聚合网络形成条件剧烈,对微生物细胞损害较大。

本实验首先培养产转氨酶的大肠杆菌,以卡拉胶为包埋载体制备固定化细胞,利用其以苯丙酮酸和 L - 天冬氨酸为底物,通过转氨反应生产 L - 苯丙氨酸。反应的原理如图 3 - 10。

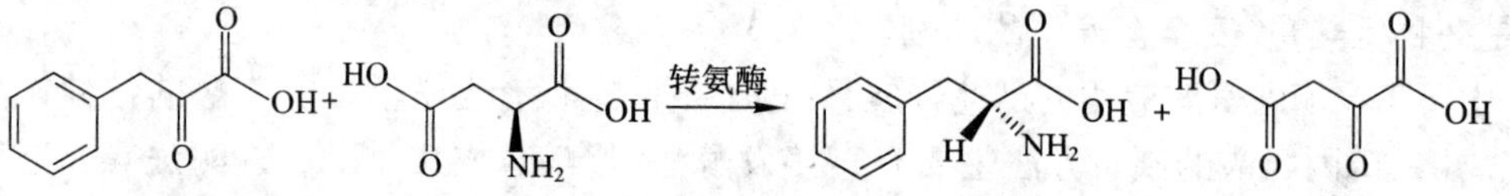

图 3 - 10　转氨酶催化合成 L - 苯丙氨酸

（三）器材与试剂

高压蒸汽灭菌锅,恒温培养箱,恒温摇床,分光光度计,离心机,真空泵。

抽滤瓶,布氏漏斗,摇瓶,试管,容量瓶,烧杯,小刀。

菌种:产转氨酶的大肠杆菌。

斜面培养基:蛋白胨 1.0 %,酵母膏 0.5 %,氯化钠 1.0 %,琼脂 2.0 %。

液体(种子,发酵)培养基:谷氨酸钠 3.0 %,酵母膏 1.0 %,玉米浆 1.0 %,硫酸镁 0.05 %,磷酸氢二钾 0.05 %。注意:玉米浆营养丰富,可作为碳源、氮源和生长因子,配制培养基时应摇匀后再量取。玉米浆原料的波动较大,不同批次和不同厂家的质量不一,对实验有较大影响。

苯丙酮酸(标准品);卡拉胶,氯化钠,氯化钾,苯丙酮酸,L - 天冬氨酸,5′ - 磷酸吡哆醛,硫酸镁,氯化铁,二甲基亚砜,无水乙酸。

（四）实验方法

1. 大肠杆菌的发酵

斜面培养:37 ℃恒温培养箱中培养 24 h。

种子培养:接种环在斜面培养基上挑取少量菌体接种于种子培养基,30 ℃,200 r/min 摇床培养 10 h,500 mL 三角瓶装液量 50 mL。

发酵培养:在发酵培养基中接入 10 %种子液,37 ℃,200 r/min 摇床培养 12 h,500 mL 三角瓶装液量 75 mL。

发酵液 8 000 r/min 离心 10 min 获得的湿菌体用生理盐水洗涤,同样条件离心所得菌体备用。

2. 大肠杆菌的固定化

将卡拉胶生理盐水溶液煮沸溶解,冷却至 45 ℃,与生理盐水调制的菌悬液混合搅匀,卡拉胶的浓度为 2.5 %(m/V),细胞的浓度为 7.5 %(m/V)。将混合液倾入平底浅盘,加入 4 ℃ 0.2 mol/L 的 KCl 溶液,静置 4 h,使胶体硬化成型,切块成 5 mm³ 正方体,用去离子水洗涤后滤干备用。

3. 游离细胞和固定化细胞转氨酶活的测定

底物溶液:苯丙酮酸 20 g/L,L-天冬氨酸 25 g/L,5′-磷酸吡哆醛(作为天冬氨酸氨基转移酶的辅酶)100 μmol/L,$MgSO_4$ 1 mmol/L,pH7.0。

取 0.5 g 离心得到的游离大肠杆菌细胞(或包含 0.5 g 游离大肠杆菌的固定化细胞),加入 10 mL 底物溶液,37 ℃摇床 100 r/min,反应 1 h,8 000 r/min 离心 10 min 除去菌体(或固定化细胞),用吸光度法测定底物苯丙酮酸转化的量。酶活力单位定义:在上述条件下,每 min 转化 1 μmol 苯丙酮酸所需的菌体量,用 U/g 大肠杆菌表示。

酶活回收率 = 固定化酶细胞的酶活/游离细胞的酶活。

4. 吸光度法测定苯丙酮酸

显色溶液:0.50 g 三氯化铁(带 6 个结晶水)、400 mL 二甲基亚砜、20 mL 无水乙酸,定容至 1 L。

取苯丙酮酸标准品用显色溶液按表 3-16 配制成不同浓度的标准溶液,摇匀,静置 20 min,此时溶液呈现蓝绿色。然后在 640 nm 波长处,用 1 cm 光径比色皿测定其吸光度 A_{640}。以不加苯丙酮酸的显色溶液作为空白对照。每样品设 3 平行,并以吸光度 A_{640} 为纵坐标,苯丙酮酸浓度为横坐标,线性回归作图得标准曲线方程。取一定体积样品溶液,用显色溶液稀释溶液中的苯丙酮酸介于 0.02 g/L 至 0.1 g/L 浓度范围内,用上述方法测定其 A_{640} 值,根据标准曲线方程计算样品中苯丙酮酸的浓度。

表 3-16　不同浓度苯丙酮酸溶液的 A_{640}

	苯丙酮酸溶液/(g/L)					
	0	0.02	0.04	0.06	0.08	0.1
1						
2						
3						
平均 A_{640}						

(五) 实验报告内容

记录大肠杆菌发酵情况。测定游离细胞和固定化细胞的转氨酶活,计算酶活回收率,讨论包埋法固定化对细胞酶活的影响。

(六) 思考题

固定化细胞的方法主要有哪些?

卡拉胶包埋法固定化细胞的优点和缺点？

二、包埋－交联双重固定大肠杆菌细胞

（一）实验目的

1. 掌握双重固定化的原理和目的。

2. 了解交联剂对固定化细胞的活力和稳定性的影响。

（二）实验原理

在卡拉胶包埋细胞固定化过程中，卡拉胶浓度的增大，凝胶的机械强度也相应增加，但当卡拉胶浓度过大时，包埋载体过多，包埋过于紧密，影响底物与产物的扩散，导致酶活力下降。为了保证酶活力，通常卡拉胶的使用量较少，因此得到的固定化细胞的强度及稳定性一般较差。为了提高固定化细胞的稳定性和转化能力，可以在细胞固定化过程中添加交联剂进行预处理或后处理，进行包埋－交联法双重固定化。

交联法利用双功能或多功能试剂，直接与细胞表面的氨基、羟基、羧基、巯基、咪唑基发生反应，使细胞彼此交联，形成三向的网状结构，从而实现细胞的固定化。戊二醛作为一种常用的交联剂，可以与蛋白质发生迅速的反应，并且此反应可以在较宽的 pH 范围（5～9）的水溶液中实现。

本实验利用戊二醛预处理或者后处理包埋的固定化细胞，考察其对固定化细胞热稳定性、机械强度、酶活力等方面的影响。主要研究戊二醛预处理或者后处理对固定化细胞的酶活力、机械强度、热稳定性、批次反应稳定性等方面的影响，以及研究戊二醛浓度对固定化细胞的酶活力、机械强度、热稳定性、批次反应稳定性等方面的影响。

（三）器材与试剂

恒温水浴摇床，分光光度计，离心机，烧杯，小刀。

大肠杆菌，卡拉胶，戊二醛，氯化钠，氯化钾，苯丙酮酸，L－天冬氨酸，5′－磷酸吡哆醛，硫酸镁，氯化铁，二甲基亚砜，无水乙酸。

（四）实验方法

1. 卡拉胶直接包埋大肠杆菌

将卡拉胶生理盐水溶液煮沸溶解，冷却至 45 ℃，与生理盐水调制的菌悬液混合搅匀，卡拉胶的浓度为 2.5 %（m/V），细胞的浓度为 7.5 %（m/V）。将混合液倾入平底浅盘，加入 4 ℃ 0.2 mol/L 的 KCl 溶液，静置 4 h，使胶体硬化成型，切块成 5 mm³ 正方体，用去离子水洗涤后滤干备用。

2. 戊二醛预处理和后处理

预处理：取一定量的大肠杆菌，加等量生理盐水制成菌悬液后，加一定量的戊二醛（使戊二醛浓度分别为 0.025 %、0.05 %、0.1 %）反应 0.5 h 后，加入一定量 10 g/L NH₄Cl 溶液终止反应，8 000 r/min 离心 10 min 收集菌体，进行包埋。

后处理：将用方法 1 得到的成形的固定化细胞置于浓度分别为 0.025 %、0.05 %、0.1 % 的戊二醛溶液中浸泡 0.5 h 后，用 4 ℃ 的 0.2 mol/L KCl 溶液洗净备用。

3. 双重固定化细胞的酶活力测定

参照前文内容。

4. 双重固定化细胞的机械强度测定

取 50 块卡拉胶包埋固定化细胞颗粒和双重固定化细胞颗粒,加入到 20 mL 生理盐水中,加 50 粒玻璃珠,200 r/min 振荡 4 h 后,5 000 r/min 离心 2 min 收集固定化颗粒,计算完整率,以百分数表示。

5. 双重固定化细胞的热稳定性

取 0.5 g 游离大肠杆菌细胞(或包含 0.5 g 游离大肠杆菌的卡拉胶包埋固定化细胞、双重固定化细胞),在 10 mL 40 ℃、50 ℃、60 ℃ 生理盐水中,60 r/min 温浴 0.5 h,8 000 r/min 离心 10 min 收集细胞测定酶活力。计算失活率 = (温浴前酶活 - 温浴后酶活)/温浴前酶活。

6. 双重固定化细胞的批次反应稳定性

取 0.5 g 游离大肠杆菌细胞(或包含 0.5 g 游离大肠杆菌的卡拉胶包埋固定化细胞、双重固定化细胞),加入 10 mL 底物溶液,37 ℃ 摇床 100 r/min,反应 6 h 为一个批次,8 000 r/min 离心 10 min 收集游离细胞和固定化细胞,测定其酶活,以未反应时的酶活为 100%,反应 3 批次,计算每批次反应后游离细胞和固定化细胞的相对酶活力。

表 3 - 17　双重固定化对细胞的影响

	酶活/ (U/g)	机械强度/ %	热失活率/%			批次反应相对酶活/%		
			40 ℃	50 ℃	60 ℃	1	2	3
游离细胞		无						
卡拉胶包埋细胞								
0.025% 戊二醛前处理								
0.05% 戊二醛前处理								
0.1% 戊二醛前处理								
0.025% 戊二醛后处理								
0.05% 戊二醛后处理								
0.1% 戊二醛后处理								

（五）实验报告

讨论双重固定化及戊二醛浓度对固定化细胞的酶活力、机械强度、热稳定性、批次反应稳定性等方面的影响。记录实验数据并完成表 3 - 17。

（六）思考题

1. 戊二醛预处理和后处理的原理有何不同?

2. 交联剂对固定化细胞的活力和稳定性有何影响?

三、填充床连续制备 L - 苯丙氨酸

（一）实验目的

1. 了解填充床反应器的特点和适用范围。

2. 掌握填充床连续制备 L - 苯丙氨酸的操作方法。

3. 掌握填充床中反应关键参数的含义及测定方法。

（二）实验原理

双重固定化的细胞机械强度虽然有所增强，但若选择搅拌罐反应器，固定化细胞易由于搅拌翼的剪切作用而被破坏，因此选择填充床反应器作为连续转化生产 L–苯丙氨酸的反应器。填充床反应器是固定化细胞技术中使用最普遍、应用最广泛的一种反应器。在填充床反应器中，固定化细胞颗粒被填充于柱中，底物溶液在一定方向上以恒定的速度通过柱体。填充床反应器具有单位反应器容积的催化剂颗粒装填密度高，结构简单，建造费用低，操作简单、反应速度快、易于扩大生产规模，可实现连续化生产的优点。但是传质、传热以及氧气传输系数相对较低（加上循环装置可以适当改善）；在柱中很难控制 pH 和局部温度；固定化细胞颗粒大小会影响压降和内扩散阻力，不均匀的填充颗粒会导致不均匀的流速和不均匀的底物停留时间，因此要求填充颗粒大小应尽可能均匀。

本实验在填充柱反应器中以固定化细胞催化苯丙酮酸合成 L–苯丙氨酸。其装置如图 3–11 所示。a 为带夹套的柱反应器，其中加入一定量的固定化细胞；b 为热水循环，保证柱中反应温度；c 为底物溶液；d 为磁力搅拌器，可以使底物保持混匀状态，同时可以通过加热维持底物的温度与反应所需温度一致；e 为蠕动泵，将底物溶液送入填充柱底部；底物在柱中被催化，形成产物从柱顶部流入 f，收集产物。

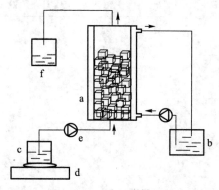

图 3–11 填充床反应器

（三）器材与试剂

柱反应器（需定做），磁力搅拌机，恒温水浴锅，蠕动泵，分光光度计，离心机，烧杯，小刀。

大肠杆菌细胞；分析纯试剂：卡拉胶，戊二醛，NaCl，KCl，苯丙酮酸，L–天冬氨酸，5′–磷酸吡哆醛，无水硫酸镁，$FeCl_3$，二甲基亚砜，无水乙酸。

（四）实验方法

1. 大肠杆菌细胞的双重固定化

将卡拉胶生理盐水溶液煮沸溶解，冷却至 45 ℃，与生理盐水调制的菌悬液混合搅匀，卡拉胶的浓度为 2.5 %（m/V），细胞的浓度为 7.5 %（m/V）。将混合液倾入平底浅盘，加入 4 ℃ 0.2 mol/L 的 KCl 溶液，静置 4 h，使胶体硬化成型，切块成 5 mm³ 正方体，置于浓度分别为 0.05 % 的戊二醛溶液中浸泡 0.5 h 后，用 4 ℃ 的 0.2 mol/L KCl 溶液洗净备用。

2. 填充柱连续制备 L-苯丙氨酸

填充柱的外径为 9 cm,内径为 5 cm,高度为 20 cm。在柱子中填充 200 g 固定化细胞。调节 c 中的底物溶液(含有苯丙酮酸 40 g/L,L-天冬氨酸 50 g/L,$MgSO_4 \cdot 7H_2O$ 1.5 mmol/L,5′-磷酸吡哆醛 150 μmol/L)温度为 37 ℃。调节 b 中的热水循环温度为 40 ℃。反应过程中监测流出产物的温度,若低于 37 ℃ 可适当提高循环热水的温度,反之降低循环热水的温度。

打开蠕动泵,控制蠕动泵的转速,使底物溶液在柱中的停留时间分别为 2.5 h、5 h、7.5 h 和 10 h 左右(停留时间是指底物溶液从进入柱反应器到转化为产物流出所经过的时间。在连续反应中,底物的加入量和产物的流出量是相等的,因此可以根据柱反应器的容积和底物的加入速率来估算停留时间,注意固定化细胞占用了一定的容积)。

收集产物,测定产物中的苯丙酮酸含量,计算苯丙酮酸的转化率(%);通过苯丙酮酸的转化量计算 L-苯丙氨酸的产量($g \cdot L^{-1}$)、L-苯丙氨酸的产率($g \cdot L^{-1} \cdot h^{-1}$),确定最优的停留时间以确定底物的流加速率。

在上述条件下连续反应 10 d,每隔 1 d 取样测定苯丙酮酸的转化率(%)、L-苯丙氨酸的产量(g/L)、L-苯丙氨酸的产率($g \cdot L^{-1} \cdot h^{-1}$),考察填充床反应器的稳定性。

（五）实验报告

描述填充柱反应器各装置的用途;准确记录实验数据,完成表 3-18 和表 3-19。

表 3-18　停留时间对反应的影响

停留时间	底物转化率/%	产物产量/($g \cdot L^{-1}$)	产物产率/($g \cdot L^{-1} \cdot h^{-1}$)
2.5 h			
5.0 h			
7.5 h			
10 h			

表 3-19　填充床反应器的稳定性

	底物转化率/%	产物产量/($g \cdot L^{-1}$)	产物产率/($g \cdot L^{-1} \cdot h^{-1}$)
第 1 天			
⋮			
第 10 天			

（六）思考题

1. 在什么情况下应选择填充床反应器?

2. 本实验中如何确定最佳停留时间?

四、L-苯丙氨酸的分离纯化

（一）实验目的

1. 学习采用离子交换树脂分离氨基酸的基本原理。

2. 掌握离子交换柱层析法的基本操作技术。

（二）实验原理

L-苯丙氨酸的分离提取方法主要有沉淀法,等电点中和法,有机溶剂萃取法,乳化液膜法,活性碳吸附法,离子交换吸附法等。离子交换法由于所用的离子交换树脂为性能稳定产品,结构中高分子聚合物骨架十分稳定,交换反应在树脂上可以反复进行,使用寿命长,是目前普遍采用的氨基酸提取方法。

离子交换树脂是一种合成的高聚物,不溶于水,能吸水膨胀。高聚物分子由能电离的极性基团及非极性的树脂组成。极性基团上的离子能与溶液中的离子起交换作用,而非极性的树脂本身物性不变。离子交换树脂分离小分子物质如氨基酸、腺苷、腺苷酸等是比较理想的。在一定的 pH 条件下,不同氨基酸由于等电点不同所带的静电荷不同,与离子交换树脂结合的能力不同。可以根据欲分离的氨基酸的性质选择阳离子或阴离子交换树脂与这些氨基酸反应。然后再选择一定 pH 和离子强度的缓冲液进行洗脱,带电荷量少,亲和力小的氨基酸先被洗脱下来,带电荷量多,亲和力大的后被洗脱下来,从而达到相互分离的目的。

本实验以上一节中所收集的反应液为材料,利用阳离子交换树脂分离得到其中的产物 L-苯丙氨酸,并经过脱色、结晶等步骤制备纯度较高的 L-苯丙氨酸。

（三）器材与试剂

中空玻璃柱(Φ 3 cm × 30 cm),高效液相色谱仪,容量瓶,烧杯,小刀。

标准品：L-天冬氨酸,L-苯丙氨酸。

分析纯试剂：NaCl,NaOH,氨水,磷酸二氢钾,甲醇,乙酸钠,乙醇。

树脂：阳离子交换树脂 JK006,大孔吸附树脂 D4006。

中性茚三酮溶液：0.2 g 茚三酮溶于 100 mL 乙醇中。

（四）实验方法

1. 阳离子交换树脂 JK006 预处理

取树脂两倍体积的饱和 NaCl 浸泡树脂 20 h,倒去 NaCl 溶液,用清水漂洗,使排出水不带黄色;再用树脂两倍体积的 4 % NaOH 溶液,浸泡树脂 2 h,倒去 NaOH 溶液,用清水冲洗树脂直至排出水接近中性为止;最后用树脂两倍体积的 2 mol/L 氨水,浸泡树脂 6 h,倒去氨水,树脂用清水漂洗至中性待用。

2. L-苯丙氨酸在离子交换树脂上的吸附和洗脱

在室温条件,用直径 3 cm、高度 30 cm 的玻璃柱装填 100 g JK006 湿树脂。以 1 mL/min 的流速使 L-苯丙氨酸反应液(L-苯丙氨酸浓度约为 5 g/L,用 4 mol/L 盐酸调反应液的 pH 为 2,可使苯丙酮酸带上负电荷不被阳离子交换树脂吸附,但 L-天冬氨酸仍会被树脂少量吸附)流过吸附柱,收集 5 mL 每管流出液,于各管流出液中加 10 滴 pH 5 乙酸缓冲液和 10 滴中性茚三酮溶液,沸水浴中煮 10 min,如溶液呈紫蓝色,表示已有氨基酸洗脱下来,此时停止上柱。用 1 mol/L 的氨水洗脱,流速 1 mL/min,每 10 mL 收集一个样,用高效液相色谱测定洗脱液中 L-苯丙氨酸和 L-天冬氨酸的浓度,以洗脱体积为横坐标、两种氨基酸浓度为纵坐标作洗脱曲线。在上述条件下,L-天冬氨酸先被洗脱。

3. L-苯丙氨酸和 L-天冬氨酸的高效液相色谱检测

(1) 高效液相色谱检测 L-苯丙氨酸和 L-天冬氨酸的条件

L-苯丙氨酸:C18 柱(Lichrospher 100RP-18,5 μm × 250 mm × 4 mm);流动相:甲醇/50 mmol/L KH_2PO_4(30/70,V/V,0.75 mL/min),检测波长:UV 220 nm(紫外检测器)。

L-天冬氨酸:C18 柱(Lichrospher 100RP-18,5 μm × 250 mm × 4 mm);流动相:甲醇/10 mmol/L 醋酸钠(22/78,V/V,0.75 mL/min),检测波长:UV 220 nm(紫外检测器)。

(2) L-苯丙氨酸和 L-天冬氨酸的定量

采用外标法定量,准确称取不同量的 L-苯丙氨酸和 L-天冬氨酸的标准品加入到 10 mL 容量瓶中,用 0.01 mol/L pH 7.0 的 KH_2PO_4 稀释至刻度,配制成浓度为 0.2、0.4、0.6、0.8、1.0 g/L 的 L-苯丙氨酸和 L-天冬氨酸标准溶液。测定不同浓度标准品溶液的峰面积,每个浓度测定三次,制作峰面积-氨基酸浓度的标准曲线。利用线性回归分别求出 L-苯丙氨酸和 L-天冬氨酸标准曲线的回归方程为 $Y = a_1X + b_1$ 和 $Y = a_2X + b_2$,其中 X 为峰面积,Y 为氨基酸浓度。样品中的 L-苯丙氨酸和 L-天冬氨酸浓度根据检测谱图的色谱峰面积,代入到各自的标准曲线回归方程计算得到。

表 3-20　不同浓度氨基酸的峰面积

对映体	测定次数	氨基酸浓度/(g/L)				
		0.2	0.4	0.6	0.8	1.0
L-苯丙氨酸	1					
	2					
	3					
	平均					
L-天冬氨酸	1					
	2					
	3					
	平均					

4. L-苯丙氨酸的纯化

称取大孔吸附树脂 D4006 2 g,置于 20 mL L-苯丙氨酸洗脱液中,常温 100 r/min 条件下,静态脱色 5 h。脱色液经减压蒸馏浓缩,加入少量晶种,4 ℃下静置 24 h 得到白色粉片状结晶,用乙醇洗涤,重结晶后烘干至恒重,利用高效液相色谱测定其纯度并计算回收率。

$$回收率 = (w \times p)/(c \times v) \times 100\%$$

式中:w—重结晶烘干后的 L–苯丙氨酸的质量;

p—重结晶烘干后的 L–苯丙氨酸的纯度;

c—反应液中 L–苯丙氨酸的浓度;

v—用于离子交换的反应液总体积。

(五)实验报告

记录 L–苯丙氨酸分离纯化的整个工艺流程,制作 L–天冬氨酸和 L–苯丙氨酸的洗脱曲线,计算 L–苯丙氨酸的回收率。

(六)思考题

1. 离子交换法分离氨基酸的原理?

2. 为了达到满意的分离效果,必须选择适合的洗脱剂,合适的洗脱剂应该符合哪些条件?

（金 子）

第四章

抗体库设计性实验

实验十二

噬菌体抗体库技术

一、研究背景

20世纪80年代,DNA重组技术与抗体工程技术催了基因工程抗体技术。科学家用来源于杂交瘤细胞的抗体基因构建基因工程抗体,所以构建过程非常漫长而且复杂:首先进行动物免疫、然后进行细胞融合及克隆筛选最终获得杂交瘤细胞。除了构建过程复杂以外,杂交瘤技术的最大缺陷在于:利用杂交瘤技术很难制备人源化抗体以及自身抗原或者弱免疫原性抗原抗体,由于这些缺陷的存在限制了基因工程抗体技术的推广和应用。进入1990年代后,抗体工程技术踏上一个新平台,抗体库技术的产生基于两项关键技术的突破:首先,科学家能够使用一套引物并利用PCR技术扩增出全套免疫球蛋白的可变区基因;其次,人们利用原核的大肠杆菌可以比较成功地表达出抗体分子片段后者可以保持较高的抗原结合功能。所谓的狭义抗体库技术就是利用基因克隆技术克隆抗体全套重链和轻链可变区基因,然后通过基因重组技术将序列重组到特定的表达载体中,再将表达载体转化到大肠杆菌中以表达所需的抗体分子片段,最后通过亲和层析筛选技术获得高亲和力的抗体可变区片段。利用抗体库技术得到的基因可用于构建和表达基因工程抗体。

抗体库技术是利用基因工程技术,在细菌中构建人类或某种动物所有抗体基因的表达文库,用以筛选某种抗原的抗体。它克服了传统杂交瘤技术制备人源性单链抗体所遇到的难题,如融合效率不高,杂交瘤不稳定、抗体产量低等。人们已通过抗体库技术成功的筛到了肿瘤的特异性抗体或相关性抗体。

抗体库技术的三个发展阶段分别为组合抗体库技术(combinational immunoglobulin library technique)、噬菌体抗体库技术(phage antibody library technique)、核糖体展示抗体库技术(ribosome display library technique)。1990年代末,美国著名研究所Scripts的科学家Huse等人首次介绍了组合抗体库技术(combinatorial immunoglobμlin library technique)。Huse等人从淋巴细胞中利用RT-PCR技术克隆出抗体的轻链和重链的全套基因,并组建到表达载体——λ噬菌体中,得到重组轻链和重链的基因库,再将轻链和重链基因库随机重组到同一个表达载体中,形成组合抗体库,体外包装这个组合抗体库,然后感染大肠杆菌,后者经过平板培养后形成噬菌斑,噬菌体中将包含表达的抗体结合区片段,将噬菌体从培养平板转移到硝酸纤维素滤膜上,再通过抗体(同位素标记或者辣根过氧化物酶标记)筛选表达特异性抗体片段的克隆即可获得相应抗体结合区片段的基因。综上所述,和杂交瘤技术相比,组合抗体库技术有以下优点:没有细胞融合的步骤,省时省力;筛选容量扩大,有益于获得高亲和力抗体;直接获得抗体基因,而不是获得杂交瘤细胞株,便于进一步保存和便于进一步构建基因工程抗体;筛选得到的抗体基因易于在大肠杆菌中表达;最重要的是不需要进行体内免疫,并且有可能获得诸如自身抗原抗体、弱免疫原性抗原抗体、毒性抗原抗体和人源化抗体等。

在组合抗体库技术基础上,很快出现了更先进的噬菌体抗体库技术,后者基于噬菌体表面展示技术——一种能够将所需(性质)的多肽从含有大量变异体的集落中提取出来的体外筛选技术,此种抗体库技术发展迅速并且应用广泛。噬菌体表面展示技术通过将所感兴趣的基因融合到噬菌体衣壳蛋白基因中,可以使噬菌体颗粒展示该基因编码的蛋白,同时噬菌体颗粒中包含了该基因,从而提供了表型与基因型的直接联系。这种联系使得噬菌体库可以经过一轮筛选步骤(例如亲和层析),然后通过测序鉴定所得到的克隆,并可以通过再扩增以进行更多轮的筛选。自从 Smith 首次阐述该方法以来,噬菌体展示技术已经发展成为了一种发现新特性多肽以及改变已有多肽性质的强大工具。根据以往研究报道,使用该技术陆续已经构建各种抗体库(包括免疫抗体库、天然抗体库、半合成和全合成抗体库)并筛选出各种功能抗体基因。在噬菌体表面展示技术后又出现了选择性感染噬菌体展示抗体库(selectively infective phage display library)、核糖体展示抗体库(ribosome display antibody library)等多种抗体库技术。核糖体展示抗体库的构建、筛选完全不必进行大肠杆菌体内转化,由于完全在体外进行,所以更易于构建高容量、高质量抗体库,并且更易于筛选高亲和力抗体和抗体体外改造,因此,核糖体展示抗体库技术代表了抗体库技术发展的未来方向。利用抗体库技术可以对抗体进行定向进化也就是对已有的抗体分子进行改造,如科学家最关心的怎样利用抗体库技术提高抗体的亲和力和稳定性,降低抗体鼠源性等。如上所述核糖体展示技术的整个过程不需要转化大肠杆菌、不需要进行克隆和表达,所以核糖体展示技术的优点在于更易于构建高容量突变库,而且方便进行抗体的体外定向进化。

丝状噬菌体在用作克隆载体,尤其用于展示载体的很多方面都非常理想:噬菌体可以被富集到较高滴度,因为其增殖不会破坏宿主细胞;丝状噬菌体的基因组比较小并且允许插入外源片段到非必要区域中;衣壳蛋白能够在被修改的同时保留感染能力;噬菌体颗粒在可能的筛选条件下的较宽范围内能够保持稳定;库的克隆和扩增也因为能够同时分离单链和双链 DNA 和可利用简单的基于质粒的载体而易于进行。通过对丝状噬菌体(filamentous phage)的基因组结构、生活周期进行研究的基础上,科学家建立了丝状噬菌体表面展示技术。

(一) 丝状噬菌体的基因组简介

丝状噬菌体是一个能够感染具有 F 性菌毛革兰阴性菌的细菌病毒大家族,如大肠杆菌丝状噬菌体:f1/M13/fd,以及较少范围的 IKe。这些噬菌体的特征是含有一个五重旋转轴和一个两重固定轴。噬菌体颗粒呈柔软长丝状,故得名丝状噬菌体。它们的定义特征是含有一个环状的单链 DNA 基因组,长约 6 407 个核苷酸,共含有 10 个基因,分别编码 10 种蛋白质(各种蛋白质的功能见图 4 - 1,表 4 - 1)被包装于由含有几千拷贝的主要衣壳蛋白和一些位于顶端的次要衣壳蛋白所组成的有少许柔韧性的管状衣壳中。紧密排列的基因之外包含 DNA 复制和包装所需序列的基因间隔区(intergenic region),位于 gene Ⅷ 与基因 gene Ⅲ 之间以及基因 gene Ⅱ 与基因 gene Ⅳ 之间,其不编码任何蛋白,含有病毒 DNA 合成的起始和终止信号以及子代噬菌体的组装信号。据统计,各种丝状噬菌体基因组同源性在 98 % 以上。与其他的细菌病毒不同,丝状噬菌体在所感染的宿主细菌中的生成和释放都不会破坏细胞或使细胞裂解。

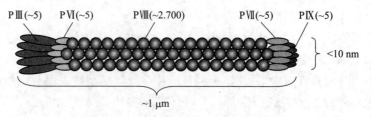

图4-1 丝状噬菌体的结构模式图

表4-1 丝状噬菌体基因及其编码蛋白质及功能简介

基因	蛋白质	蛋白功能
gⅠ	PⅠ	噬菌体装配相关蛋白
gⅡ	PⅡ	丝状噬菌体滚环复制相关蛋白,亲代复制型 DNA 位点特异性缺口酶
gⅢ	PⅢ	次要衣壳蛋白(病毒颗粒衣壳上约有 3~5 个拷贝),吸附大肠杆菌 F 性菌毛及穿透细胞膜,锚定噬菌体
gⅣ	PⅣ	噬菌体装配相关蛋白,但不作为噬菌体颗粒的组成部分
gⅤ	PⅤ	ssDNA 稳定蛋白
gⅥ	PⅥ	次要衣壳蛋白(病毒颗粒衣壳上约有 5 个拷贝)
gⅦ	PⅦ	次要衣壳蛋白(病毒颗粒衣壳上约有 5 个拷贝)
gⅧ	PⅧ	主要衣壳蛋白(病毒颗粒衣壳上约有 2 700 个拷贝)
gⅨ	PⅨ	次要衣壳蛋白(病毒颗粒衣壳上约有 5 个拷贝)
gⅩ	PⅩ	geneⅢ基因启动子激活蛋白

(二)丝状噬菌体的增殖

丝状噬菌体感染大肠杆菌时,吸附是感染的第一步。丝状噬菌体只感染具有性纤毛的菌株,携带 F 质粒的菌株可产生性纤毛。位于噬菌体颗粒末端的 PⅢ 蛋白参与识别和吸附 F 性菌毛。当 F 性菌毛向细菌胞内回缩时,噬菌体主要衣壳蛋白脱落,同时噬菌体 DNA 和吸附其上的 PⅢ 蛋白进入宿主菌体内。进入胞内的感染性噬菌体单链 DNA(正链),在宿主内酶的作用下转变成为环状双链 DNA,用于 DNA 复制,又称复制型 DNA(replicative form DNA,RF DNA)。以 RF DNA 的负链为模板,先经过几轮 θ 型复制,RF DNA 进行扩增,基因的转录也随机开始,当 PⅡ 蛋白在亲代 RF DNA 的正链特定位点上产生切口时,便启动噬菌体基因组进行滚环复制,被取代的正链切除后经环化形成单位长度的噬菌体基因组 DNA。后期,DNA 的合成几乎只产生子代正链 DNA,新合成的正链 DNA 被 PⅤ 蛋白包被,所形成的复合物移动到细胞质膜附近,并被预先锚定在质膜上的衣壳蛋白所代替,包装成完整的子代噬菌体颗粒,释放到胞外。第一代噬菌体在感染 10 min 后出现在培养液中,感染后 1 小时内平均每个细胞分泌 1 000 个噬菌体。噬菌体基因组的复制和组成子代噬菌体颗粒各种蛋白的合成完全由宿主细胞负责。丝状噬菌体是温和型噬菌体,既不杀死宿主细胞,也不引起宿主细胞裂解,只是大大降低宿主细胞的生长速度。

（三）噬菌体表面展示技术的原理

噬菌体表面展示是一种筛选技术，即将外源多肽或蛋白分子与噬菌体的衣壳蛋白融合表达，融合蛋白展示在病毒颗粒的表面，而编码该融合子的 DNA 则位于病毒粒子内，就是将外源的基因克隆到丝状噬菌体基因组中，与噬菌体衣壳蛋白融合表达，展示在噬菌体颗粒的表面。这样就使得外源多肽或蛋白的基因型及表型统一在噬菌体颗粒内，通过表型筛选就可以获得其编码基因。也就是使大量多肽与其 DNA 编码序列之间建立了直接联系，使各种靶分子（抗体、酶、细胞表面受体等）的多肽配体通过淘选得以快速鉴定。Smith 在 1985 年首次证实外源 DNA 可以插入丝状噬菌体基因Ⅲ中，并与 PⅢ蛋白融合展示。

经过试验验证，在 PⅦ或 PⅨ蛋白处插入外源蛋白会影响噬菌体衣壳的功能，不是展示外源蛋白的最佳位置；在 PⅢ、PⅧ蛋白的 N 末端融合表达外源蛋白，不会影响噬菌体的完整性和活性。PⅢ蛋白位于噬菌体颗粒的尾端，相对分子质量约为 42 000，由 406 个氨基酸组成，5 个拷贝。PⅢ蛋白由 3 个功能区组成，由 N 末端开始依次为 N1 穿膜区、N2 受体结合区、CT 疏水区。N1 区作用于 *E. coli* 细胞膜上的 TolA 蛋白；与噬菌体的入侵有关、N2 区负责专一性识别和结合 F 性菌毛，CT 疏水区的 C 末端锚定在噬菌体颗粒的衣壳上，与噬菌体颗粒组装终止有关。3 个结构域由甘氨酸富集的连接肽 G1 和 G2 串联起来，在感染过程中，增加各个功能域之间的灵活性。由于此部分结构具有高度易变性和灵活性，允许其 N 末端插入较大的外源片段而不影响噬菌体的结构和功能，同时融合表达的外源片段还可保持相对独立的结构构象（图 4 - 2）。

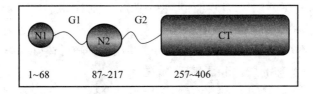

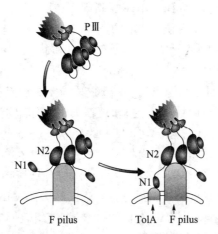

图 4 - 2　丝状噬菌体的次要衣壳蛋白 PⅢ结构模式图及噬菌体感染 *E. coli* 的过程

PⅧ蛋白是噬菌体的主要衣壳蛋白,相对分子质量为 5 200,由 50 个氨基酸组成,每个病毒子含有约 2 700 个拷贝,约 10 % 能有效地融合外源多肽或蛋白。其 C 端与噬菌体DNA 结合,构成噬菌体衣壳的内壁,N 端游离在外,可容纳较小的外源片段。

由于 gⅢ、gⅧ基因在噬菌体基因组中都是单拷贝,在其 N 末端插入外源基因后,将无法产生野生型的 PⅢ蛋白和 PⅧ蛋白,而外源肽段的插入会影响这两种衣壳蛋白的正常功能,即 PⅢ融合蛋白不能识别大肠杆菌的 F 性菌毛,噬菌体无法正常感染大肠杆菌进行繁殖;PⅧ融合蛋白不能参与噬菌体颗粒的组装,也不能进行噬菌体的正常繁殖。PⅧ展示的多肽比较小,如果太大会影响噬菌体壳蛋白的组装。PⅢ只要不影响感染,可以展示 300aa的多肽。PⅢ、PⅧ两种展示系统各有特点(表 4 – 2),具体应用时应根据需要(如展示蛋白的大小、亲和力等)决定。

表 4 – 2   PⅢ和 PⅧ噬菌体展示系统的比较

比较项目	PⅢ噬菌体展示系统	PⅧ噬菌体展示系统
效价	单价	多价
展示部位	噬菌体颗粒末端	噬菌体颗粒四周表面
展示蛋白大小	几百个氨基酸	低于 6 个氨基酸
配体亲和力	适合筛选高亲和力配体	适合筛选中、低亲和力配体
用途	适合于抗体库	随即肽库

除以上原则之外,还可以从以下两种办法中选取一种来解决这个难题。①在噬菌体的基因组中保留野生型的 gⅢ基因或 gⅧ基因,使重组噬菌体颗粒的表面仍有少量的野生型 PⅢ蛋白或 PⅧ蛋白,不影响噬菌体的正常繁殖;②使用辅助噬菌体(helper phage),而将外源基因插入到另外一种特殊的质粒上,即噬菌质粒上。

噬菌质粒的特征包括:①携带有欲在噬菌体上融合展示的蛋白基因,没有其他噬菌体基因。②有质粒复制起点(322ori)和噬菌体复制起点(f1 ori – 用于合成 ssDNA)。③有包装序列信号(packing signal)。④有供筛选的抗生素标记基因。辅助噬菌体提供噬菌体质粒复制、合成 ssDNA 和病毒包装所需要的所有蛋白和酶(f1 ori defect)(图 4 – 3)。以M13KO7 辅助噬菌体为例,来说明辅助噬菌体的一般作用机制。M13KO7 是 M13 噬菌体的衍生株,带有突变型的基因 gⅡ(来源于 M13mp1)、质粒复制起点(P15 ori)及卡那霉素抗性基因。当 M13KO7 感染带有噬菌粒的宿主菌时,辅助噬菌体单链 DNA 在宿主胞内酶的作用下转变为双链形式(RF DNA),然后在 P15A 的控制下进行复制,不受胞内噬菌粒的干扰。尽管以 M13KO7 基因组双链 DNA 为模板,可以表达产生单链 DNA 所必需的所有蛋白,但 M13KO7 基因组中突变的基因 gⅡ 的表达产物与自身携带的质粒复制起点的作用,不如噬菌粒中的噬菌体复制起点的作用强,这样,辅助噬菌体 M13KO7 的 DNA 复制效率远低于噬菌粒的复制效率,噬菌粒正链 DNA 优先被合成,使组装形成的噬菌体颗粒中来自噬菌粒的单链 DNA 占优势,而野生型的 PⅢ蛋白(或 PⅧ蛋白)和 PⅢ重组蛋白(或 PⅧ重组蛋白)共同组装到噬菌体颗粒的表面。

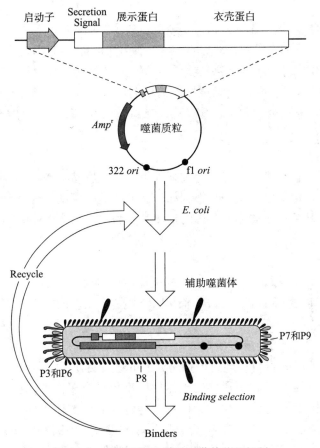

图 4-3 噬菌质粒和辅助噬菌体作用机制

(四) 基于噬菌体展示的抗体库技术

早期的组合抗体库技术,由于随机性强、工作量大、不易获得特异性抗体。1991 年开始将噬菌体表面展示技术用于抗体库的构建,出现了噬菌体抗体库技术。构建容量大、特异性高和敏感性强的人源性抗体是此项技术的核心。按照展示在噬菌体颗粒表面的抗体片段种类的不同,噬菌体抗体库主要有 scFV 抗体库和 Fab 抗体库两种,Y 也就是利用聚合酶链反应扩增抗体的全套可变区基因,通过噬菌体表面展示技术,把 Fab 段或者单链抗体(ScFv)表达在噬菌体的表面,经过"吸附-洗脱-扩增"过程筛选并富集特异性抗体。在构建 Fab 抗体库时,VH-CH1 链或 VL-CL 链与 PⅢ衣壳蛋白融合表达,或者以非融合形式进行共表达,然后两者在大肠杆菌周质腔中自发折叠成天然状态,所以不形成包涵体,具有抗原结合活性。这样通过固定抗原并进行亲和筛选就可捕获特异性 Fab 片段的基因。构建 scFV 抗体库时,抗体重链和轻链可变区基因通过一段连接肽基因连接起来,然后与噬菌体衣壳蛋白融合表达。噬菌体抗体库按照抗体基因的性质分为 DNA 文库和 cDNA 文库,按照构建抗体库的抗体基因来源不同,可以将噬菌体抗体库分为 4 种,天然抗体库(naïve libraries)、免疫后抗体库(immune library)、半合成抗体库(semisynthetic libraries)、全合成抗体库(synthetic libraries)。

1. 天然抗体库

天然抗体库的抗体基因片段来源自未经免疫的供体如:动物或人体 B 细胞。从理论上讲,能够代表供体天然的全部可能性的抗体谱,使用任何抗原都可能从中筛选到相应的抗体。但是由于动物或人总要受到某些抗原的刺激,其 B 细胞库中,携带特异性抗体基因的 B 细胞的比例增加,这必然导致天然抗体库的偏向性。另外,由于初级 B 细胞未经抗原的反复刺激,抗体基因未完全"成熟",所以从天然抗体库中筛选的抗体分子的亲和力相对较低。

2. 免疫后抗体库

免疫后抗体库的抗体基因来源于经过某种抗原免疫后的供体,该抗体库具有较强的抗原特异性和亲和力。由于已分化的浆细胞和记忆 B 细胞分泌的抗体都已经过亲和力成熟,所以再用这种抗原从免疫抗体库中筛选的抗体其亲和力比天然抗体库的抗体要高,特异性要好。免疫抗体库缺陷在于其通用性不如天然抗体库。

3. 半合成抗体库和全合成抗体库

合成抗体库包括半合成抗体库和全合成抗体库两种。该抗体库重链可变区基因片段的 CDR1 和 CDR2 来自人胚系 VH 片段,而 CDR3 则是人工合成的编码,含有 5 ~ 15 个氨基酸的随机序列。该抗体库库容量大,但亲和力较低。合成抗体库是在对人或抗体基因序列和主体结构分析的基础上,合成多条 VH 和 VL 基因,用来替代所有的抗体类别和结构,组成多个总抗体库,其 CDR 区可以通过内切酶方便的进行更换,便于进行分子模拟和结构预测。发展合成抗体库的目的在于建立比天然抗体库更具有多样性,更为通用的抗体库,以克服生物来源的抗体库抗原多样性的偏向性。随着人们对抗体多样性的产生机制和抗原抗体结合的结构基础的认识不断深入,合成抗体库的设计也不断发展和成熟。

天然抗体的多样性有三个理论基础:首先,B 细胞发育过程中,胚系基因(分隔开的基因片段的形式成簇存在的)重排的组合多样性。其次,V -(D)- J 或 V - J 重排时接头处的变化带来多样性,这种变化表现为随机化 CDR3。第三,体细胞突变(somatic mutation),又称高频突变(hypermutation)。抗原应答时 B 细胞抗原受体可变区基因 DNA 序列发生高频率变异,增加该受体和相应抗体的多样性,为选择高亲和力 B 细胞克隆和抗体亲和力成熟创造了条件。此类突变只在体细胞中发生,不能通过胚系基因遗传。突变后亲和力得到改善的 B 细胞克隆经再次免疫抗原筛选后,具有生长优势。这就是抗体体内亲和力成熟的过程。

通过对大量抗体分子的三维结构进行研究发现,这些变化分布在三个可变的 β 折叠 - 转角上,氨基酸序列的多样性也主要位于这一区域,抗体结合抗原的关键部位在于六个互补决定区(complementarity determining regions,CDRs),也叫做高变区。将大量的空间结构进行比较发现,6 个 CDRs 中除 CDR3 外,其他 5 个 CDRs 区的结构变异性相对较小。具有最大结构多样性的 CDR3 区(超变区 HV - 3)位于抗原决定位点的决定区域环(转角)上。这个环的长度和氨基酸序列组成具有高度多样性,与抗体的抗原结合特异性直接相关。

最初构建半合成抗体库的基本方法是人工合成一段简并核苷酸序列取代于天然抗体库中的 CDR3 区序列以增加天然抗体库的多样性。在以上的构建方法基础上,人们还采用6 个 CDR 区全部随机化的方法构建半合成抗体库。采用 PCR 方法在 CDR 区进一步引入突变,可以增加半合成抗体库的多样性。随机合成的 CDRs 序列极大地增加了抗体库的多样性,但由于受细菌转化效率的限制,半合成抗体库的库容一般只达到 $10^9 \sim 10^{10}$。一般建库只设计 4~5 个氨基酸的定位于 CDR 区的随机突变,然后如有必要再渐次设计其他突变位点。因为如果随机突变 5 个位点就会产生 32^5 种组合。蛋白设计和计算机分子模拟为半合成抗体库的设计和构建提供了新的思路,如借助计算机模拟技术,确定抗原抗体结合部位的关键氨基酸残基,即只随机突变与抗原结合的氨基酸,而保留维持主链构想所需的氨基酸,可以减少随机突变所需的工作量。

目前,可以采用两种方法合成简并寡聚核苷酸序列:单核苷酸合成法。最常用的方法为"NNK 随机化"法,即在氨基酸密码的第一、第二位是所有四种碱基随机组合,而第三位固定合成 G 或 T。研究者曾经随机化抗体的 CDR3,长度为 10 个氨基酸的库分别用 NNK 法和 TRIM 法合成,前者出现了终止密码子和其他不想要的氨基酸残基,而这些很容易在 TRIM 库中去掉。所谓 TRIM(trinucleotide-mutagenesis)又称为三联核苷酸突变技术,其核心是不用单核苷酸,而是提前合成建立在密码子基础上的三核苷酸,对于 20 种氨基酸中的每一个,都合成一个三核苷酸复合物,这样就能直接用于 DNA 合成,产生寡核苷酸库。在与 NNK 方法相比,TRIM 法具有以下优点:通过合成三核苷酸复合物的种类,可以避免在寡聚核苷酸序列内部出现终止密码和某些不需要的氨基酸残基,如半胱氨酸等;不可能出现移码突变;通过控制三核苷酸复合物的种类和数量,可以使寡聚核苷酸库倾向于任何一类氨基酸(如所有疏水氨基酸或所有非脯氨酸)或者合成完全无倾向性的库。

Perter Pack 等人在 1997 年首先报道了合成人抗体库(fμlly gene-synthetic human combinatorial antibody library,HuCAL)的构建方法。研究者首先将所有关于人免疫系统抗体的全部序列进行序列同源性分析,将可用的胚系基因及所有重排的序列进行分组。通过分析已知人体抗体分子的空间结构、氨基酸序列多样性,将 95% 以上人胚系抗体基因分为 14 个基因家族:7 个 VH 家族、3 个 Vλ 家族和 4 个 Vk 家族。家族中的每一个成员之间都有高度同源性。任意家族的所有成员都有统一的折叠结构,因此,不管是序列的变化还是结构框架的变化,都可以集中于 14 个原型基因上。通过分析确定这 14 个家族的通用基因序列,作为进一步构建组合抗体库的主干基因。在主干基因序列内部,调整 CDR 区两侧氨基酸的密码,设计限制性酶切位点,以便采用酶切方式替换,进行抗体分子的定向进化。以人工合成的 CDR3 寡聚核苷酸库代替主干基因序列中的 CDR3 区,然后将 7 个重链主干基因和 7 个轻链主干基因随机组合,分别克隆到噬菌粒载体中,获得 49 种主干基因匹配的结果,可代表初始抗体库。这 49 个初级抗体库组合在一起即是全合成抗体库(HuCAL)。该抗体库的库容达 2×10^9。HuCAL 的优点包括:TRIM 技术的应用,使无功能抗体片段的比例大幅度降低,提高了库的质量;可以利用 CDR 区两侧酶切位点对 CDR 区序列进行平行或逐步随机化,进行抗体快速亲和力成熟;主干基因的 FR 区完全来源于人胚系基因库,能够降低鼠源性。

(五) 构建噬菌体抗体库的一般过程概述

构建噬菌体抗体库包括以下几个步骤:首先扩增全套抗体基因;然后构建合适的噬菌体载体;第三将抗体基因库连接到载体中,转化大肠杆菌并保存。

胚系抗体重链基因包括 V、D、J、C 4 个部分,胚系抗体轻链基因则包括 V、J、C 3 个部分。表达抗体由两条重链和两条轻链组成,抗体重链包括 1 个可变区结构域,3～4 个恒定区结构域和 1 个铰链区;抗体轻链包括 1 个可变区和 1 个恒定区。组成抗体基因各个部分基因序列分别成簇分布在染色体基因组的不同部位,在 B 细胞分化成熟的同时,进行 DNA 水平重排(rearrangement),形成具有功能的抗体重链和轻链基因,再经过转录水平的剪切(splicing)作用,去除内含子,形成完整、连续的抗体重链或轻链 mRNA。因此在构建噬菌体抗体库时,首先应该提取外周血淋巴细胞或脾细胞中 B 细胞的 mRNA,反转录 PCR 合成 cDNA,然后以 cDNA 为模板,也可以直接用总 DNA 作为模板,扩增全套抗体基因。根据已有的抗体基因序列库(如 Kabat database,V-base,IMGT 等),设计简并引物。由于 5′简并引物与相对保守的 FR1 区互补,而 3′引物与 J 区互补,因此使用较少数量的简并引物就可以扩增出全部抗体基因序列。在简并引物的两侧添加合适的限制酶切位点,可以直接将 PCR 产物克隆到噬菌体展示载体中。

噬菌质粒载体中不存在组装噬菌体颗粒的遗传信息,必须借助辅助噬菌体(helper phage)才能组装成完整的噬菌体颗粒,进行超感染(super-infection)。来源于辅助噬菌体的野生型 PⅢ蛋白与抗体融合 PⅢ蛋白竞争插入到噬菌体颗粒的末端,使每个噬菌体颗粒末端只有不到 3 个拷贝的抗体片段。由于野生型 PⅢ蛋白的存在,抗体片段在 PⅢ蛋白中的插入部位不会影响重组噬菌体颗粒的感染活性。用于构建噬菌体展示抗体库的载体,根据抗体片段的插入位置的不同,还可以分为 PⅢ融合展示载体和 PⅧ融合展示载体两种。使用 PⅢ融合噬菌体载体进行噬菌体展示时,每个噬菌体颗粒的末端仅存在 3～5 个拷贝的抗体片段。另外,由于 PⅢ蛋白的 N1、N2 结构域与噬菌体感染宿主菌有关,抗体片段必须插入在完整的 PⅢ蛋白的 N 末端,否则重组噬菌体不具有感染活性 PⅢ融合展示体系展示的抗体片段的拷贝数较低,所以被称为单价噬菌体展示体系(mono-valent phage display)。使用 PⅧ融合噬菌体载体或噬菌质粒载体时,抗体片段展示在噬菌体颗粒的表面,拷贝数较多(25 个左右),因此被称为多价噬菌体展示体系(mμlti-valent phage display)。相对而言,单价展示体系可以区分具有不同噬菌体抗体,更有利于筛选高亲和力抗体,是构建噬菌体抗体库的最佳选择,而多价展示体系有利于在亲和筛选的过程中回收低亲和力噬菌体抗体,但是捕获抗体片段的抗原结合特异性较差,不利于富集高亲和力的抗体片段。

scFv 抗体库展示载体(如噬菌质粒载体 pHEN2)中,只有一个启动子,抗体重链可变区基因和轻链可变区基因通过一条 15～20 个氨基酸的连接肽(peptide linker)连接在一起,与信号肽融合表达,在周质腔内完成 scFv 抗体片段的正确折叠。在 pHEN2 载体中,在 scFv 抗体片段基因和 gⅢ基因之间引入了琥珀突变(amber mutation)终止密码,这样通过改变宿主菌的类型(在 supE 抑制性和非抑制性之间的转换),就可以很方便地进行噬菌体展示和抗体片段的可溶性表达,进而大大简化了特异性抗体片段的鉴定过程。在 Fab 抗体库展示载体(如 pComb3)中,抗体 Fd 片段基因和轻链基因在不同的启动子的控制下分别表达,由于两者均与信号肽(pelB)融合,表达后被定位于大肠杆菌的周质腔内,进行正确折叠和 Fab 抗体片段的组装。

以半合成抗体库的构建过程为例,构建噬菌体抗体库的一般过程包括:提取 B 细胞 mRNA,制备 cDNA,扩增反应,拼接反应,再次扩增反应,酶切与连接,电击转化,质粒提取,酶切与连接,再次电击转化等。

二、实验设计举例

(一) 实验题目

噬菌体抗体库筛选。

(二) 实验目的

了解噬菌体抗体库筛选过程,掌握噬菌体筛选方法。

(三) 实验设计思路

参照 Griffin. 1 噬菌体抗体库(Human Synthetic VH + VL scFv Library)操作手册(网址 www. mrc – cpe. cam. ac. uk/phage)具体介绍噬菌体抗体库的筛选过程。从噬菌体抗体库中筛选抗体的具体过程。

1. 实验材料

(1) 噬菌体抗体库　保存于 – 70 ℃。

(2) TG1 野生菌　琥珀突变抑制型[K12,D(lac – pro),supE,thi,hsdD5/F'traD36,proA + B + ,lacIqZDM15],用于扩增噬菌体颗粒,或使用 XL – Blue 菌株。

(3) HB2151 野生菌　非琥珀突变抑制型[K12,ara,D(lac – pro),thi/F'proA + B + ,lacIqZDM15]用于表达抗体片段。

(4) 辅助噬菌体　M13KO7(Pharmacia)或 VCS – M13(Stratagene)。

(5) 2 × XT 培养基(1 L)　酵母提取物 10 g、蛋白胨 16 g、NaCl 5 g。

(6) PBS(1 L)　NaCl 5. 84 g、NaH_2PO_4 2. 64 g、Na_2HPO_4 4. 72 g,pH 7. 2。

(7) TYE(1 L)　Baco – Agar 15 g、NaCl 8 g、蛋白胨 10 g、酵母提取物 5 g。

2. 方法

(1) 防止噬菌体污染

推荐使用噬菌体的非特异吸附较其他塑料制品低的聚丙烯管进行噬菌体实验,重复使用的塑料器皿必须在体积百分数为 2 %的次氯酸盐(0. 1 %,无氯)溶液中浸泡 2 h,反复冲洗后,高压灭菌(单纯高压灭菌无法去除噬菌体的污染),玻璃器皿使用后应该 200 ℃干烤 4 h 以上。

(2) 具有 F 性菌毛的宿主大肠杆菌的制备

37 ℃培养的大肠杆菌必须在对数期内(OD_{600}为 0. 4 ~ 0. 6),才能够产生足够的 F 性菌毛,噬菌体与大肠杆菌 F 性菌毛结合是进行有效感染的前提。操作如下。

① 在 5 mL 2 × YT 培养基中接种所挑取的单克隆菌落,37 ℃摇床培养过夜。

② 次日,100 倍稀释后接种于新鲜的 2 × XY 培养基中,37 ℃摇床培养到对数期(OD_{600}为 0. 4 ~ 0. 6),然后进行噬菌体感染。感染前将大肠杆菌放置冰上片刻会增强感染效果,但放置时间超过 30 min,大肠杆菌将因丢失 F 性菌毛而不被感染。

(3) 大量制备辅助噬菌体

① 为了有效分离菌落,将辅助噬菌体梯度稀释,分别取 10 μL 加入到 200 μL TG1 菌培养液中(OD_{600}为 0. 2),37 ℃水浴 30 min 后,加入到 3 mL 融化(42 ℃)的 H – TOP 琼脂中,然后铺在温热的 TYE 平板上,冷却后 37 ℃培养过夜。

② 挑取单个菌落接种到 3 ~ 4mL 处于对数期 TG1 培养物中,37 ℃摇床培养 2 h。

③ 转接到 500 mL 2 × YT 培养基液体培养基(2 L 摇瓶)中,继续培养 1 h,然后加入 25 mg/mL 卡那霉素水溶液,至终浓度 50 ~ 70 μg/mL,继续培养 8 ~ 16 h。

④ 4 ℃,10 800 g 离心 15 min,收集上清,加入 1/5 体积 PEG – NaCl(20 % PEG, 2.5 mol/L NaCl),冰上放置 30 min。

⑤ 4 ℃,10 800 g 离心 15 min,沉淀悬于 2 mL TE 缓冲液中,0.45 μm 膜过滤除菌。

⑥ 测定病毒滴度,稀释至 1×10^{12} pfu/μm。分装后置 – 20 ℃ 保存。

(4) 从噬菌体抗体库中筛选功能抗体分子

按照从噬菌体抗体库中筛选功能抗体分子的实验进度安排表(表 4 – 3)进行实验,可以在 9 天内完成 3 轮亲和筛选及对获得的候选抗体分子进行初步鉴定。

表 4 – 3 实验进度安排

时间顺序	所需时间/h	完成步骤	操作
第一天	5	①a ~ ①f ②a ~ ②c	噬菌体抗体库的扩增和噬菌体的制备 次级噬菌体抗体库的制备
第二天	6	①g ~ ①n ③a	噬菌体抗体库的扩增和噬菌体的制备(继续) 用于第一轮筛选的免疫管的包被
第三天	6.5	③b ~ ③m	第一轮筛选
第四天	3	④a ~ ④f	第一轮筛选后噬菌体的制备 用于第二轮筛选的免疫管的包被
第五天	6.5	④g ~ ④k ③b ~ ③m	第一轮筛选后噬菌体的制备(继续) 第二轮筛选
第六天	3	④a ~ ④e ③a	第二轮筛选后噬菌体的制备 用于第三轮筛选的免疫管的包被
第七天	6.5	④f ~ ④l ③b ~ ③m	第二轮筛选后噬菌体的制备(继续) 第三轮筛选
第八天	3	④a ~ ④e ⑤aa	第三轮筛选后噬菌体的制备 用于多克隆 phage ELISA 的 96 孔板的包被
第九天	6.5	④f ~ ④l ⑤ab ~ ⑤ah	第三轮筛选后噬菌体的制备(继续) 多克隆 phage ELISA

① 扩增噬菌体抗体库

a. 取 1 mL,大约 1×10^{10} pfu,保存的噬菌体抗体库接种到 500 mL 2 × YT 培养基中(含有 100 μg/mL 氨苄青霉素和 1 % 葡萄糖)。

b. 37 ℃ 摇床培养到对数期(OD_{600} 为 0.4 ~ 0.6),大约用时 1.5 ~ 2 h。

c. 取 25 mL 培养液(大约 1×10^{10} 个细菌),用辅助噬菌体 M13KO7 或 VCS – M13 感染。感染比例为细菌数/辅助噬菌体数 = 1/20。其余 475 mL 培养物按照前述操作制作次级噬菌体抗体库。细菌数计算方法:1OD_{600} 细菌培养基液 ≈ 8×10^{8} 个细菌/mL。

d. 37 ℃ 水浴静置 30 min。

e. 4 ℃ 3 300 g,离心 10 min,将沉淀重悬在 30 mL 2 × XY 培养基中(含有 100 μg/mL 氨

苄青霉素和 25 μg/mL 卡那霉素),30 ℃摇床培养过夜。

f. 将上述菌液添加到 470 mL 已经 37 ℃预温的 2×XY 培养基中(含有 100 μg/mL 氨苄青霉素和 25 μg/mL 卡那霉素),30 ℃摇床培养过夜。

g. 4 ℃ 10 800 g,离心 10 min 或 4 ℃ 3 300 g,离心 30 min。

h. 收集上清,加入 1/5 体积 PEG/NaCl(20% PEG,2.5 mol/L),彻底混合后 4 ℃放置 1 h。

i. 再次 4 ℃ 10 800 g,离心 10 min,沉淀重悬于 40 mL 水和 8 mL PEG/NaCl(20% PEG,2.5 mol/L NaCl)。

j. 10 800 g,4 ℃离心 10 min 或 3 300 g,4 ℃离心 30 min,吸弃离心上清液。

k. 再次重悬沉淀,再次 10 800 g,4 ℃离心 10 min,彻底吸弃上清。

l. 将沉淀重悬于 5 mL PBS 中,11 600 g,离心 10 min,去除细菌碎片(沉淀)。

m. 噬菌体上清液直接 4 ℃保存,如果在含 15% 甘油的 PBS 中,可以在 -70 ℃长期保存。

n. 测定噬菌体保存液中噬菌体滴度:取 1 μL 噬菌体保存液稀释在 1 mL PBS 中,从中取 1 μL 感染 1 mL TG1 菌液(OD_{600} 为 0.4~0.6)。将感染菌液梯度稀释后,再分别取 50 μL 感染菌液 1 mL TG1 菌液(原液、1/100 稀释液、1/10 000 稀释液)铺 TYE 平板(含有 100 μg/mL 氨苄青霉素和 1% 葡萄糖),37 ℃培养过夜。噬菌体保存液的滴度应该在 10^{10} ~ 10^{12} pfu/mL 之间。

② 制备次级噬菌体抗体库

a. 将①c 步骤中剩余的 475 mL 培养液继续在 37 ℃摇床培养 2 h。

b. 4 ℃ 3 300 g,离心 30 min,将菌体沉淀重悬于 10 mL 2×YT 培养基(含有 15% 甘油),分装成 10 个小管(1 mL/管)。

c. 将次级噬菌体抗体库保存在 -70 ℃。再次使用前,以 PCR 方法鉴定阳性克隆率及测定噬菌体滴度。

③ 固相亲和筛选

通过选择合适的筛选方式、优化抗原浓度(液相或固定化)和洗涤强度,有助于提高筛选效率和区分不同亲和力的噬菌体抗体。在进行最初几轮筛选时,降低筛选强度(抗原浓度较高、非特异洗涤时间短),可以避免具有价值的稀有噬菌体克隆丢失。在筛选过程中,在液相中添加一定浓度的脱脂牛奶,可以避免噬菌体在抗原或固相表面的非特异吸附。从噬菌体抗体库中筛选抗体的方法有两种,固相筛选(如将抗原固定在免疫管或 96 孔板上)和液相筛选(如生物素化抗原)。下面以免疫固相亲和筛选为例,详细介绍亲和筛选的具体过程。

a. 抗原以包被缓冲液稀释至 10~100 μg/mL,取 4 mL 加入到免疫管中,室温包被过夜。包被缓冲液为 50 mmol/L NaHCO3 缓冲液(pH 9.6)或 PBS。

b. 弃上清,以 PBS 迅速洗管 3 次。

c. 免疫管中注满 2% MPBS,37 ℃封闭 2 h。

d. 弃上清,以 PBS 迅速洗管 3 次。

e. 将①m 步骤获得的噬菌体(10^{12} ~ 10^{13} pfu)悬浮于 4 mL 2% MPBS(含有 2% 脱脂牛奶的 PBS)并加入到免疫管中。室温反复倒转 30 min 后,于室温静置 90 min 以上,弃上清。

f. 在进行第一轮筛选时,以含有 0.1% Tween 20 的 PBS 洗管 10 次去除污迹,再 PBS 洗管 10 次。第二轮以后的筛选,分别洗管 20 次。

g. 将 PBS 吸出,加入 1 mL 的 100 mmol/L 三乙胺[700 μL 三乙胺(7.18 mol/L)加入到 50 mL 水中],室温反复倒转孵育 10 min,进行特异性洗脱。

h. 在孵育过程中,准备 0.5 mL 的 1 mol/L Tris(pH 7.4)用于迅速中和 g 步骤特意洗脱下来的噬菌体。中和后的噬菌体可以直接 4 ℃保存或用于感染 TG1 菌。

i. 向免疫管中加入 200 μL 的 1 mol/L Tris(pH 7.4)中和残余的噬菌体。

j. 取 9.25 mL 处于对数期的 TG1 细菌培养物与 0.75 mL 洗脱下来的噬菌体混合,另外向免疫管中加入 4 mL 处于对数期的 TG1 细菌培养物。两者同时 37 ℃水浴静置 30 min。

k. 从两种已感染噬菌体的 TG1 细菌培养物中分别取 100 μL,并分别做 4~5 次 100 倍系列稀释,然后将系列稀释物铺 TYE 平板(含有 100 μg/mL 氨苄青霉素和 1% 葡萄糖),37 ℃培养过夜。

l. 剩余的两种已感染噬菌体的 TG1 细菌培养物 4 ℃ 3 300 g,离心 10 min,菌体沉淀重悬于 1 mL 2 × YT 培养基中,使用 Nunc Bio-Assay Dissay Dish 铺大型 TYE 平板(含有 100 μg/mL 氨苄青霉素和 1% 葡萄糖)。

m. 30 ℃培养过夜直至出现可见克隆。

说明:第一轮筛选极为重要,这一步发生的任何错误都将在进一步的筛选中被放大。如果第一轮筛选回收的噬菌体数少于 10 000,就应该将 g 步骤剩余的 0.75 mL 特异洗脱噬菌体重新感染 TG1 细菌。如果两次计数结果相近,说明抗原的包被条件可能有问题。

④ 进一步亲和筛选

a. 将 56 ml 2 × YT(15% 甘油)加入长满细菌克隆的 Nunc Bio - Assay Dish 平板中,并用玻璃涂布棒刮取细菌并收集菌体悬液。取 100 μl 菌体悬液加入含有 100 μg/ml 氨苄青霉素和 1% 葡萄糖到 100 mL 2 × YT 培养基中,检测其 OD_{600} < 0.1。其余的细菌悬液于 -70 ℃保存。

b. 37 ℃摇床培养约 2 h 至 OD_{600} = 0.5。

c. 采用辅助噬菌体 M13KO7 或 VCS - M13 感染,感染比例为细菌数/辅助噬菌体数 = 1/20。

d. 37 ℃水浴静置 30 min。

e. 将菌液 4 ℃ 3 300 g,离心 10 min,菌体沉淀重悬于 50 mL 含有 100 μg/mL 氨苄青霉素和 25 μg/mL 卡那霉素 2 × YT 培养基中,摇床 30 ℃培养过夜。

f. 取 40 mL 过夜培养物,4 ℃ 10 800 g,离心 10 min 或 4 ℃ 3 300 g,离心 30 min。

g. 收集上清,加入 1/5 体积 PEG/NaCl(20% PEG 为 2.5 mol/L NaCl),彻底混合后 4 ℃放置 1 h 以上。

h. 再次 4 ℃ 10 800 g,离心 10 min,沉淀重悬于 8 mL PEG/NaCl 和 40 mL 水中。

i. 4 ℃ 10 800 g,离心 10 min 或 4 ℃ 3 300 g,离心 30 min,吸取上清。

j. 沉淀重悬于 2 mL PBS 中,4 ℃ 11 600 g,离心 10 min,尽量去除细菌碎片。

k. 取 1 mL 噬菌体 4 ℃保存,另 4 mL 噬菌体用于下一轮亲和筛选。

l. 重复③、④,进行第 2、第 3 轮筛选。

⑤ 筛选结果的鉴定

有 3 种途径可以鉴定筛选得到的噬菌体抗体的多样性,PCR、核酸探针杂交和测序。每一轮筛选收获的特异性噬菌体都可以采用多克隆噬菌体 ELISA 的方法进行鉴定。每个克隆的噬菌体可以进一步通过单克隆噬菌体 ELISA 鉴定,或者通过可溶性表达抗体片段,采用一般 ELISA 进行鉴定。

被展示在噬菌体颗粒表面的抗体片段被称为噬菌体抗体,在进行噬菌体 ELISA 的时候,直接包被抗原,以 2 % MPBS 或 3 % BSA - PBS 进行封闭,然后以羊抗 M13 多克隆抗体作为一级抗体,以 HRP 偶联的兔抗羊 IgG 多克隆抗体作为二级抗体,进行检测。也可以直接使用 HRP - 羊抗 M13 多克隆抗体进行检测。

a. ELISA 检测多克隆噬菌体。

aa. 96 孔酶标板中,每孔添加 100 μL 抗原稀释液(抗原稀释至 10 ~ 100 μg/mL)。包被缓冲液为 PBS 或 50 mmol/L NaHCO$_3$ 缓冲液(pH 9.6)。

ab. 以 PBS 洗板 3 次,2 % MPBS 或 3 % BSA - PBS 200 μL/孔,37 ℃ 封闭 2 h。

ac. 以 PBS 洗板 3 次,每一轮筛选后,取 10 μL PEG 沉淀获得的噬菌体,稀释到 100 μL 2 % MPBS 或 3 % BSA - PBS 中。

ad. 室温孵育 90 min,以 PBS 0.05 % Tween20 洗涤 3 次,再以 PBS 洗涤 3 次。

ae. 每孔加入 100 μL 稀释后的 HRP - 兔抗 M13 多克隆抗体室温孵育 90 min。以 PBS - 0.05 % Tween20 洗涤 3 次,再以 PBS 洗涤三次。抗体稀释缓冲液为 2 % MPBS 或 3 % BSA - PBS。

af. 如果在 e 使用羊抗 M13 多克隆抗体,在这一步加入 HRP - 兔抗羊 IgG 多克隆抗体,抗体稀释缓冲液为 2 % MPBS 或 3 % BSA - PBS,室温孵育 90 min。以 PBS - 0.05 % Tween20 洗涤 3 次,再以 PBS 洗涤三次。

ag. 配制底物液。100 μg/mL TMB。底物缓冲液为 100 mmol/L 乙酸钠,pH 6.0,每 50 mL 缓冲液加入 10 μL 30 % 过氧化氢。

ah. 每孔加入 100 μL 底物液,室温孵育 10 min,孔内的液体将显示蓝色。

ai. 每孔加入 50 μL 稀硫酸(1 mol/L)终止反应。

aj. 测定 OD$_{650}$ 和 OD$_{450}$,OD$_{450}$ 值减去 OD$_{650}$ 值,作为最后检测结果。

b. ELISA 检测单克隆噬菌体。

ba. 每一轮筛选过程的 ③j 的平板上挑取单克隆到 96 孔细菌培养板中,每孔已经添加 100 μL 含有 100Lμg/mL 氨苄青霉素和 1 % 葡萄糖 2 × YT 培养基,37 ℃ 摇床(300 r/min)培养过夜。

bb. 每孔取出 2 μL 菌液,加入到另一块新的 96 孔细菌培养板中,每孔已经添加 200 μL 含有 100 μg/mL 氨苄青霉素和 1 % 葡萄糖 2 × YT 培养基,37 ℃ 摇床培养 1 h。向第一块 96 孔细菌培养板的各个孔中加入一定体积的甘油,使甘油终浓度达到 15 %,然后密封 -70 ℃ 保存。

bc. 向第二块 96 孔细菌培养板的各个孔中加入含有 100 μg/mL 氨苄青霉素和 1 % 葡萄糖 25 μL 2 × YT 培养基,和 10^9 pfu M13KO7 或 VCS - M13(Stratagene)辅助噬菌体。

bd. 将 96 孔板在 37 ℃ 静置 30 min,然后 37 ℃ 摇床培养 1 h。1 800 g 离心 10 min,弃上清。

be. 将菌体沉淀重悬于 200 μL 含有 100 μg/mL 氨苄青霉素和 25 μg/mL 卡那霉素 2 × YT 培养基中,30 ℃摇床培养过夜。

bf. 1 800 g 离心 10 min,取 100 μL 上清参照多克隆噬菌体 ELISA 进行检测。

⑥ 可溶抗体片段的制备检测

pHEN2 是一个双功能噬菌粒载体,在表达检测便签(c – myc tag)与衣壳蛋白基因 P Ⅲ 之间有一个琥珀型终止密码子(amber codon)TAG。如果噬菌体感染 TG1 或 XL1 – Blue 等琥珀突变(supE)抑制型菌株,TAG 密码子被翻译为谷氨酸,序列可以通读翻译,抗体片段与衣壳蛋白 P Ⅲ 融合表达于噬菌体表面;当噬菌体感染非琥珀突变抑制型菌株时,如 HB2151 或 TOP10,翻译在 TAG 处终止,可得到可溶型表达的抗体片段。

a. 在每轮筛选后,取 10 μL 洗脱下来的噬菌体(100 000 pfu)感染 200 μL 处于对数生长期的 HB2151 细菌。37 ℃静置水浴 30 min。1/10 稀释后,分别取 1、10、100 μL 铺 TYE 平板(含有 100 μL/mL 氨苄青霉素和 1 %葡萄糖),37 ℃培养过夜。

b. 挑取单克隆到 96 孔细菌培养板中,每孔已经添加 100 μL 含有 100 μg/mL 氨苄青霉素和 1 %葡萄糖 2 × YT 培养基。37 ℃摇床(300 r/min)培养过夜。向第一块 96 孔细菌培养板的各个孔中加入一定体积的甘油,使终浓度达到 15 %,然后 – 70 ℃保存。

c. 每孔取出 2 μL 菌液,加入到另一块新的 96 孔细菌培养板中,每孔已经添加 200 μL 含有 100 μg/mL 氨苄青霉素和 0.1 %葡萄糖 2 × YT 培养基,37 ℃摇床培养大约 3 h 至 $OD_{600} = 0.9$。

d. 向第二块 96 孔细菌培养板的各个孔中加入 25 μL 2 × YT 培养基(100 μg/mL 氨苄青霉素和 9 mmol/lIPTG),30 ℃继续摇床培养 16 ~ 24 h。

e. 在 96 孔酶标板中每孔假如 100 μL 浓度为 10 ~ 100 μg/mL 抗原溶液,室温放置过夜,进行包被。包被缓冲液为 PBS 或 50 mmol/L NaHCO₃ 缓冲液(Ph 9.6)。

f. 以 PBS 洗板 3 次,37 ℃封闭 2 h。200 μL/孔。封闭缓冲液为 2 % MPBS 或 3 % BAS – PBS。

g. 将第二块细菌培养板 1 800 g,4 ℃离心 10 min,取 100 μL 上清加入到 ELISA 板中,室温放置 1 h。

h. 以 PBS 洗板 3 次。

i. 每孔加入 50 μL 检测 c – myc 表达标签的 9E10 抗体,抗体浓度 4 μg/mL,每时每孔加入 50 μL 一定浓度的 HRP 偶联的羊抗鼠 IgG,室温放置 1 h。以 PBS – 0.05 %Tween20 洗涤 3 次,再以 PBS 洗涤三次。抗体稀释液位 1 %BSA – PBS。

j. 配置底物液。100 μg/mL TMB。底物缓冲液为 100 mmol/L 乙酸钠,pH 6.0,每 50 mL 缓冲液加入 10 μL 30 %过氧化氢。

k. 每孔加入 100 μL 底物液,温室孵育 10 ~ 20 min。直至显示为蓝色。

l. 每孔加入 50 μL 稀硫酸(1 mol/L)终止反应。

m. 测定 OD_{650} 和 OD_{450},并以 OD_{450} 值减去 OD_{650} 值,作为最终检测结果。

经过许多研究者的不断努力,目前噬菌体抗体库技术已经非常成熟,在全世界范围内得到推广和应用,并且已经利用该技术成功筛选出大量抗体,其中有些已经进入临床实验研究阶段,噬菌体抗体库技术已成为抗体工程发展进程的一个里程碑。噬菌体抗体库技术还可以进行抗体分子定向筛选进化。尽管如此,噬菌体展示技术自身仍然具有许多缺陷例,如在构建噬菌体抗体库时由于必须经过细菌转化的步骤,使得抗体库的容量受到转化效率的限制,库容量很难超过 10^{10},一般为 $10^6 \sim 10^8$。从理论上讲,抗体库容量的大小与高亲和力抗体分子筛选效率正相关,所以最终影响到高亲和力分子筛选效率。为了克服传统噬菌体展示技术对抗体库容量的限制,可以先构建较小容量的初级抗体库,然后通过重组途径再构建更大容量的抗体库。目前采用 Cre 重组酶已经成功实现了 Fab 抗体库和单链抗体库的重组。以单链抗体库的重组为例,首先构建抗体重链初级抗体库和抗体轻链抗体库,然后共转染大肠杆菌,在细菌体内实现体内重组。或者将抗体重链和轻链克隆于一个含有 Cre 重组酶的宿主菌,在细菌体内实现重组。以 7×10^7 的初级抗体库出发,采用 Cre 重组酶进行重组,可以获得库容达到 3×10^{11} 的抗体库。

限制大容量抗体库的技术难题:虽然通过采用前文所述的重组途径,或者优化条件提高体外连接和转化的效率的确可以构建库容较大,超过 10^{10} 的抗体库,但是噬菌体展示过程中仍然存在其他因素限制大容量抗体库的应用。在噬菌体展示的亲和筛选过程中,如果每毫升溶液中的噬菌体颗粒的数量超过 10^{14},那么溶液将变得非常黏稠,黏稠的溶液限制了噬菌粒的扩散效率而最终影响筛选结果。如果使用的抗体库的容量为 10^{11},那么在筛选过程中,平均每种抗体分子克隆的拷贝数将不超过 1 000,如果在这种抗原浓度较低的情况下进行全细胞筛选,低拷贝的每种抗体分子与抗原结合的几率将会很低,最终筛选效率大幅度降低,甚至人们发现在使用噬菌粒体系进行噬菌体展示时,亲和筛选使用的噬菌体颗粒中,只有一小部分带有抗体片段,大部分噬菌体颗粒表面不带有抗体片段。在组装过程中也会出现问题:辅助噬菌体基因组编码的部分野生型 PⅢ蛋白将被组装到噬菌体颗粒上,但是有些噬菌体的表面全部是野生型 PⅢ蛋白。能够解决这个难题的唯一途径就是在扩增噬菌体抗体库过程中彻底去除野生型 PⅢ蛋白。为了达到这个目的,许多研究者将 gⅢ基因缺失的噬菌体基因组 DNA 与能够表达野生型 PⅢ蛋白的质粒共转化在一个宿主菌内,组装辅助噬菌体颗粒,用于噬菌体抗体库的扩增。但由于携带野生型 gⅢ基因的质粒有可能被共包装在辅助噬菌体颗粒内,仍然会在扩增抗体库的时候出现噬菌体表面高表达野生型 PⅢ蛋白。

Stefan Dubel 领导的实验室发展了另外一套体系,从根本上克服了这个技术难题。首先构建辅助噬菌体包装细菌系,也就是将 gⅢ基因稳定整合到宿主菌(DH5a)基因组中,然后将 gⅢ基因部分缺失的噬菌体基因组 DNA 转化到该细胞内,组装辅助噬菌体颗粒,用于抗体库的扩增。这种方法可以使展示在噬菌体颗粒表面的单链抗体的数量显著提高达两个数量级,因此大幅度提高了筛选效率。

总而言之,相对于杂交瘤技术和早期的组合抗体库技术,噬菌体抗体库技术是一个巨大的进步,但噬菌体抗体库技术在应用过程中,在抗体库的容量和操作的简便性等方面仍然不能满足人们的需要,因此科技工作者一直希望找到更好的筛选技术,进行抗体筛选和抗体分子的定向进化研究。选择性感染噬菌体展示抗体库技术和核糖体展示抗体库技术即是这几年出现的两种非常具有应用前景的筛选技术。

(封 云)

实验十三

选择性感染噬菌体展示抗体库技术

一、研究背景

选择性感染噬菌体展示即 SIP 技术(selectively infective phage display)技术,是在噬菌体展示技术的基础上发展起来的。本节将集中对 SIP 抗体库技术进行阐述。该技术的优点是通过将候选蛋白与配体之间的结合反应将噬菌体感染和扩增直接联系起来,不必经过亲和筛选与洗脱,直接获得特异性候选蛋白基因。SIP 技术与噬菌体展示技术相比,在某些方面具有一定的优越性,特别适用于高亲和力蛋白或多肽的筛选。目前采用 SIP 技术已经成功对 coiled-coil 多肽库、scFv 抗体库、Fab 抗体库进行了筛选。

(一) SIP 技术的原理

SIP 技术是在对丝状噬菌体 GⅢ蛋白结构和功能进行详细研究的基础上建立起来的选择性感染噬菌体展示技术。SIP 依赖于抗原抗体的结合使外壳蛋白Ⅲ恢复受体区感染细菌性菌毛的能力,将选择和感染过程偶联,具有极强的筛选能力,特异性强,本底低,不需要预先表达和纯化,只需要少量功能性表达就可以形成具有感染性的噬菌体。噬菌体每个 PⅢ蛋白由 3 个结构域组成,N1、N2、CT 结构域。各个结构域之间以富含甘氨酸的连接肽串联起来。N1 结构域位于 N 末端,由 68 个氨基酸组成,在噬菌体感染大肠杆菌的过程中,起着关键作用;N2 结构域由 132 个氨基酸组成,与 N1 结构域形成复合物。在感染过程中,N2 结构域与大肠杆菌的 F 纤毛专一性结合。但这种结合并非噬菌体感染所必需,仅是一个替代途径。除此之外,还存在直接感染途径。CT 结构域位于 GⅢ蛋白 C 末端,由 149 个氨基酸组成,其中包括一段跨膜锚定序列。CT 结构域是噬菌体衣壳的组成部分,在噬菌体颗粒的形态形成过程中发挥作用。SIP 技术的原理为将噬菌体的 N1 结构域或 N1/N2 复合物去除,缺陷型噬菌体将失去感染大肠杆菌的能力。在进行选择性感染噬菌体展示时,将肽库或蛋白库与 CT 结构域或 CT/N2 结构域的 N 末端融合表达,使重组噬菌体颗粒表面不存在任何野生型 GⅢ蛋白,失去感染活性。将筛选配体与 N1 结构域或 N1/N2 复合物融合表达或化学偶联作为接头,这样当 GⅢ融合蛋白或多肽与接头发生特异性结合反应后,重组噬菌体便恢复感染大肠杆菌的能力。

SIP 受限于抗原抗体的比率,抗原抗体过少会导致感染性噬菌体过少,过多又会导致性菌毛的饱和感染能力下降。实际上只要表达的产物满足抗原抗体式的结合,就能形成感染性噬菌体,这就有可能产生很强的偏向性。该方法可提高筛选系统的灵敏性(可达 10^{-11}),但是操作较复杂。

SIP 技术分为体内 SIP 和体外 SIP 两种。如果将表达配体接头的重组质粒与噬菌体共转化,通过在大肠杆菌的周质腔内,配体接头与通过 CT 结构域锚定在周质腔内膜上蛋白或多肽库发生的特异性结合反应,恢复缺陷型噬菌体的感染能力,进行 SIP 筛选,即为体内 SIP;相反,如果单独表达和纯化配体接头,与缺陷型重组噬菌体库在体外按照一定的比例混合后进行 SIP 筛选,即体外 SIP。体内 SIP 的最大优点在于设计简单,在某种程度上可以弥补其缺乏如浓度,温育时间和感染过程本身等实验参数对照的缺点,这种体内 SIP 有望用于同时筛选两个相互作用的文库,成为分离相互作用分子对最强有力的技术。而上述参数在体外 SIP 具有可控制性,配基分子可单独制备,如从大肠杆菌培养物提取周质可溶性部分,从包涵体复性获得或化学合成,这大大地扩展了 SIP 的应用范围,除将多肽类抗原基因与 P 的 NT 基因融合外,还可以化学偶联非多肽类抗原(如有机小分子,糖等),此配基分子然后与没有感染性的噬菌体文库温育,再感染细菌可获得有感染性的噬菌体颗粒。

N1/N2 结构域 X 射线晶体结构分析显示:N1/N2 结构域均主要由 β 折叠构成,并且在核心折叠区两者非常相似,因此推测 N1 和 N2 结构域可能是在进化过程中,通过多结构域复制形成的。N1 和 N2 结构域的相对位置有一定弹性。在两个结构域之间,由 N2 结构域的两条 β 折叠与 N1 结构域的 β 折叠片层形成一个很大的,严密的相互作用界面。感染过程中必需一定浓度的钙离子,以破坏大肠杆菌的胞膜结构,辅助噬菌体感染。进一步的 NMR(核磁共振)的研究表明:单独存在的 N1 结构域与 N1/N2 复合物中的 N1 结构域的空间结构一致。同时有研究表明:丝状噬菌体感染大肠杆菌时,N2 结构域首先与宿主细胞的 F 纤毛结合。当 F 纤毛向胞内回缩时,N1 结构域被拉入到周质腔内,并在周质腔中与 TolA 的 C 末端结合。这是专一性结合噬菌体感染过程的关键一步。如果缺失 N1 或者 TolA,感染过程将被完全终止。F 纤毛和 N2 结构域的结合作用仅是提高噬菌体感染的效率,两者都不是不可或缺的。N1、N2、CT 结构域之间的连接片段都是 3 个结构域结构重排的参与者,这些片段的变化都会影响噬菌体感染大肠杆菌的能力,但是影响程度不同。比较 N1/N2 复合物与 N1 - TolA 复合物的晶体结构发现,TolA 部分以不同的结合角度与 N1 结构域结合从而取代了 N2 结构域的位置。这一结果已经得到生化实验的验证。在不存在 N2 结构域的情况下,噬菌体以不依赖纤毛的途径感染大肠杆菌;N1 结构域是噬菌体感染的必要条件。

(二) SIP 抗体库技术

SIP 技术的核心内容是将 PⅢ 的 NT 与 CT 分离,然后他们分别与两个分子融合,其中一个分子与 CT 分离,然后它们分别与两个分子融合,其中一个分子与 CT 基因融合而展示于噬菌体的表面,另一个分子与 NT 基因融合或化学偶联组成衔接子(adpter),只有当这两个分子发生特异性结合,PⅢ 的 NT 与 CT 重新相连,结构恢复完整,才能使噬菌体颗粒重获感染性,此即 SIP 技术的核心内容。构建 SIP 抗体库时可以选择 N2/CT 融合蛋白和 CT 融合蛋白两种形式。采用 N2/CT 融合抗体库的感染效率更高。配体接头也有 N1 偶联配体或 N1/N2 偶联配体两种形式,因此在每个展示蛋白 - 配体复合物中,N2 结构域可以有 0 个、1 个或 2 个拷贝。使用 N1/N2 配体接头检验 scFv - 半抗原类 SIP 筛选体系(KD = 10^{-7})时发现,仅需要非常低的接头浓度(10^{-8})就可产生有效感染;提高接头的浓度会抑制感染。其原因是由于接头浓度较高时,游离的接头会与纤毛结合。通过逐渐降低配体接头的浓度,连续进行 SIP 筛选,可以有效提高筛选蛋白的结合常数。与此不同的是:N1 配体接头的浓度在 10^{-6} mol/L 时都不具有抑制感染的作用。进一步来说,较高的 N1 配体接头浓度是有效感染大肠杆菌的必需条件。使用 scFv - 半抗原 SIP 筛选体系筛选 scFv 分子,引发有效感染的 N1 偶联配体的浓度为 10^{-6} mol/L。

重组噬菌体的感染效率可以被改变。主要的方法就是改变配体与 N1/N2 结构域的共价连接方式。体外 SIP 配体接头的构建方法有多种,如携带组氨酸表达标签的 N1/N2 结构域可以方便地采用金属螯合方式与偶联有 Ni‐NTA 的配体连接;而含有顺丁烯二酰亚胺配体可与半胱氨酸偶联,再与 N1/N2 结构域共价连接;与链亲和素偶联在一起的 N1/N2 结构域可以与生物素化配体直接连接。但是,链亲和素与亲和素相连构建的配体接头,重组噬菌体的感染活性不高,生这种现象的根本是由于较大的链亲和素产生空间位阻效应导致感染效率下降。但采用上述其他方式构建配体接头后,有助于 SIP 筛选后有效恢复缺陷重组噬菌体的感染活性。

(三) SIP 技术的缺陷及应用前景

大量文献表明,经过一次 SIP 筛选后,基本就可以捕获到紧密结合的配体结合分子。但是如前所述,SIP 技术本身还有很多不足。尤其是由于配体接头与候选蛋白之间一旦形成假二硫键桥,或者由于噬菌体发生一系列基因重组后恢复了原有的 N1/N2 结构域与 CT 结构域之间的共价连接,会导致非特异性筛选。所以在首次筛选后,一般需要再经过几次 SIP 筛选后,就可以找到最佳结合以及折叠活性的配体分子。

进行体内 SIP 筛选时不需要亲和筛选配体的纯化过程,更方便快捷,但是在采用错译长片段寡聚核苷酸合成、DNA shuffling、PCR 等方法构建候选蛋白或多肽库进行体内 SIP 筛选时,应用过程中必需注意假阳性反应可能干扰实验结果。

体内 SIP 适用于蛋白分子的改造,而不适用于大容量库的初筛,因为库的成员很可能不具备非常高的亲和力。体外 SIP 完全不存在上述缺陷,所以被广泛用于蛋白库的筛选以及对蛋白的折叠性质和稳定性进行改造。噬菌体感染的阈值非常高,以至于筛选的选择压力也非常大,这意味着在筛选过程中,接头与配体之间结合紧密或共价连接的个体优先被捕获。通过选用高质量库进行体内 SIP 筛选和进行体外 SIP 筛选,会比传统噬菌体展示比省时省力,又能区分分子间的细微差别。因为在 SIP 筛选过程中,紧密结合或者共价连接的配体‐靶蛋白复合物不必发生解离,在进行共价连接物的筛选时 SIP 的优越性尤其明显,比如自杀性底物捕获有催化作用的抗体,或筛选解离常数非常低的结合蛋白,或采用蛋白酶切的方式从完整蛋白上分离目标配体肽。

显然,如果降低 PⅢ发生突变的几率,SIP 比常规噬菌体筛选更直接有效。如果筛选配体是非蛋白性物质或单一蛋白,那么应当优先考虑体外 SIP 技术。严格控制候选库的构建过程,避免候选蛋白与配体接头之间形成意外共价连接,体内的 SIP 具有明显的优势。因为噬菌体自发突变的几率非常大,采用体外 SIP 技术,在噬菌体的 PⅢ融合蛋白与配体接头之间就不会因自发突变而形成伪二硫键。深入对噬菌体感染过程的研究,SIP 技术将会成为成熟的筛选技术而更广泛的应用。

二、实验设计举例

(一) 实验题目
选择性感染噬菌体展示技术筛选非重复性 scFv 铰链。

(二) 实验目的
利用 SIP 技术筛选非重复性 scFv 铰链,在基于 PCR 基因装配和定向进化实验中获得比经典($Gly_4Ser)_3$更强的抗缺失基因。

(三) 实验设计思路
设计在两端和中间位置,尤其是在甘氨酸和极性有电荷残基部位均有转弯结构的铰链。SIP 单次循环后,鉴定筛选所得的所有克隆的功能(图 4 - 4)。抗原结合,可溶性 scFv 片段表达等特性均通过含有经典(Gly4Ser)₃ 铰链的母体片段对比验证。

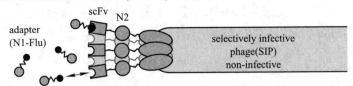

图 4 - 4　SIP 实验图示

噬菌体基因 3 的 N1 区通过含有随机连接区域的 scFv FITC-E2 重新放置。获得的 scFv - 展示噬菌体因为缺乏 N1 区域所以是非侵袭性的。结合接头(adapter)N1-Flu 后侵袭性恢复,接头 N1-Flu 分子含有荧光素 (黑色圆圈),后者共价结合在缺失的 N1 区域

1. 构建铰链文库和 SIP

从寡聚核苷酸 LiLib 和 LiFill 经 PCR 法装配编码随机 scFv 铰链的区域。LiLib(5′ - CTGGGATCCMGRAGCAGAACYAGTNTBMGRAGCAGAACYACYNTBGCTCGCGCCGTTAGG - 3′);LiFill(5′ - CTGGTCACCGTCTCGAGTCCTAACGGCGCGAGC - 3′)(M = A or C;R = A or G;Y = C or T;N = A,T,C or G;B = C,G or T)。如图 4 - 5 所示,(Gly₄Ser)₃ scFv 铰链(Krebber et al.,1997)通过几个克隆步骤,形成随机的铰链。

```
A        V_H                                    LINKER                                        V_L

         AGT CCT AAC GGC GCG AGC VAN RGT RGT TCT GCT YCK VAN ACT RGT TCT GCT YCK GGA TCC CAG
         S   P   N   G   A   S   E(2)S(8)S(6)S   A   S(6)E(0)T   S(9)S   A   S(7)G   S   Q
                                 D(1)G(5)G(7)        P(8)D(0)    G(4)        P(7)
                                 K(4)                K(5)
                                 N(3)                N(3)
                                 Q(2)                Q(3)
                                 H(1)                H(2)

B
LLA1     AGT CCT AAC GGC GCG AGC CAA AGT AGT TCT GCT TCG CAC ACT GGT TCT GCT CCG GGA TCC CAG
         S   P   N   G   A   S   Q   S   S   S   A   S   H   T   G   S   A   P   G   S   Q

LLA3     AGT CCT AAC GGC GCG AGC AAT AGT GGT TCT GCT CCT GAC ACT AGT TCT GCT CCG GGA TCC CAG
         S   P   N   G   A   S   N   S   G   S   A   P   D   T   S   S   A   P   G   S   Q

LLA4     AGT CCT AAC AGC GCG AGC CAC AGT GGT TCT GCT CCT AAT ACT AGT TCT GCT CCG GGA TCC CAG
         S   P   N   S   A   S   H   S   G   S   A   P   N   T   S   S   A   P   G   S   Q

LLB13    AGT CCT AAC GGC GCG AGC GAA AGT GGT TCT GCT TCG AAG ACT AGT TCT GCT TCT GGA TCC CAG
         S   P   N   G   A   S   E   S   G   S   A   S   K   T   S   S   A   S   G   S   Q

LLB14    AGT CCT AAC GGC GCG AGC AAC AGT GGT TCT GCT CCT AAA ACT GGT TCT GCT TCG GGA TCC CAG
         S   P   N   G   A   S   N   S   G   S   A   P   K   T   G   S   A   S   G   S   Q

LLB17    AGT CCT AAC GGC GCG AGC AAA AGT GGT TCT GCT TCG CAA ACT AGT TCT GCT CCG GGA TCC CAG
         S   P   N   G   A   S   K   S   G   S   A   S   Q   T   S   S   A   P   G   S   Q

LLB18    AGT CCT AAC GGC GCG AGC CAC AGT AGT TCT GCT TCG CAG ACT GGT TCT GCT TCG GGA TCC CAG
         S   P   N   G   A   S   H   S   S   S   A   S   Q   T   G   S   A   S   G   S   Q

LLB24    AGT CCT AAC GGC GCG AGC AAA AGG . . . . . . . . . . . . . . . . . . TCT GCT CCG GGA TCC CAG
         S   P   N   G   A   S   K   R . . . . . . . . . . . . . . . . . . . .   S   A   P   G   S   Q

LLB25    AGT CCT AAC GGC GCG AGC CAT AGT GGT TCT GCT CCT CAC ACT AGT TCT GCT TCG GGA TCC CAG
         S   P   N   G   A   S   H   S   G   S   A   P   H   T   S   S   A   S   G   S   Q
```

图 4 - 5　随机铰链区域的序列

A. 部分随机化铰链区域(黑体)包括 V_H 区域最后的密码和 V_L 区域第一个密码(非黑体)。随机化位点 (使用混合碱基的 IUPAC 术语:V = A,C 或者 G;N = A,C,G,T;R = A 或 G;Y = C 或 T;K = G 或 T)有下划线。 在核苷酸序列下面是编码的氨基酸残基序列。插入的数字代表了在非选择性文库发现的 14 个克隆中各自 残基类型出现的频率。观察到的残基总数是 13 而不是 14,发现一个不同的残基。

B. 9 个随机克隆在一轮 SIP 后的核酸和推理的氨基酸序列

所有的构建方法都执行标准的 DNA 操作。获得的 scFlu – "媒介"噬菌体载体和电穿孔的 *E. coli* XL1-Blue 细胞在 2YTG 板内 37 ℃过夜,板内含有 25 μg/mL 氯霉素,产出 4 × 10⁶ 克隆,将后者刮下来后重悬到 50 mL 的新鲜培养基内。1 mL 获得的悬浮液和 50 mL 的 2YTG 混合,37 ℃过夜。通过加入 250 mL 17% PEG 6 000、3.3 mol/L NaCl、1 mmol/L ED-TA,从培养上清液中沉淀噬菌体颗粒,4 ℃孵育 30 min,4 ℃ 4 500 g 离心 30 min。离心后的沉淀物在 1.5 mL TBS(25 mmol/L Tris-HCl,140 mmol/L NaCl,2.7 mmol/L KCl,pH 7.4)溶液中重悬,过除菌滤器(0.22 μm),PEG 再次沉淀和重悬到最终体积为 100 uL TBS。为了选择荧光素结合子,1 μL 获得的噬菌体悬液和 813 μmol/L N1-Flu 混合,总体积为 6 μL TBS。4 ℃过夜孵育后,1 μL 混合物和 100 μL 以指数增长方式增长的 XL1-Blue 培养物置于含有氯霉素(25 μg/mL)和四环素(15 μg/mL)的 2YTG 琼脂,37 ℃ 1 h。

2. 噬菌体 ELISA

对于选择克隆的单价展示,scFv 编码的 *Sfi* I 片段克隆到 PAK100,噬菌体颗粒常规制备。噬菌体 ELIS:一个 96 孔微量滴定板,包被有异硫氰酸荧光素偶联的牛血清蛋白(FITC-BSA)4 ℃过夜,随后 TBS 溶解的 4% 脱脂牛奶阻断 1 h。噬菌粒颗粒(10⁸/孔)在 100 μL TBS + 2% 脱脂牛奶中孵育 1 h,溶液中可以含有(10⁻⁷ mol/L)或者没有可溶性荧光素。和 HRP – 抗 M13 偶联物共孵育 1 h 后,结合噬菌体的相对量通过可溶性的 BM Blue POD 底物显色测定。每一个噬菌粒克隆需要进行 3 个独立的平行测量。

3. scFv 片段的表达和纯化

可溶性 scFv 片段的表达:将相应的 *Sfi* I 片段克隆到 Pak400 中;获得的载体转化到 *E. coli* SB536 中。细胞在 25 ℃生长,OD₅₅₀ 达到 0.5 时诱导,再生长 3.5 h,离心并重悬至 15 ~ 20 mL 的 IMAC 缓冲液中(20 mmol/L HEPES,150 mmol/L NaCl,pH 7.0),冰上操作,并通过 French 压碎器 3 次。悬液离心(48 000 g,4 ℃),上清液过 0.22 μm 滤器除菌。蛋白用 Ni-NTA 柱子纯化,使用 100 mmol/L 咪唑梯度洗脱。含有 scFv 的片段使用 20 mmol/L MES 缓冲液(pH 6.0,50 mmol/L NaCl)浓缩,余下的杂质在缓冲液中通过 Sepharose-SP 柱子除去,缓冲液为梯度 NaCl。最终样品蛋白的浓度通过测定 OD₂₈₀ 计算。

4. 解离常数的确定

荧光素的解离常数通过荧光滴定确定。

5. 尿素诱导的可逆性解折叠

确定平衡变性曲线,等量的 scFv 片段(终浓度 0.2 μmol/L)和各种各样浓度的尿素共孵育(1.8 mL 的 20 mmol/L HEPES,150 mmol/L NaCl,pH 6.8),10 ℃过夜。精确的尿素浓度通过折射率计算。20 ℃平衡最少 1 h,荧光光谱监控解折叠(λ_{ex} 为 280 nm 数值,λ_{em} 为 320 nm 数值 – 365 nm 数值)。根据最大荧光波长变化,确定每一个尿素浓度下 scFv 片段未折叠比例。

6. 凝胶过滤

50 μg 纯化的 scFv 片段通过 Superose 12 PC 3.2/30(20 mmol/L HEPES,150 mmol/L NaCl,pH 6.8,流速 60 mL/min)柱。洗脱蛋白由 280 nm 吸收度监测。

参见 Frank Hennecke,Claus Krebbe. Non-repetitive single-chain Fv linkers selected by selectively infective phage (SIP) technology. Protein Engineering,1998,11(5):405 – 410.

（封 云）

实验十四

核糖体展示抗体库技术

单克隆抗体是20世纪90年代发展起来的一种化学结构特点与单克隆抗体相似,具有免疫特异性,制备简单,易于大量生产的抗体。目前大多数研究者构建噬菌体展示文库,采用细胞内展示的方法制备单链抗体。体内筛选抗体库技术如噬菌体展示抗体库技术和SIP抗体库技术具有一些共同缺点。例如,在构建抗体库时,由于必须经过细菌转化的步骤,抗体库的容量将受到转化效率的限制(一般不超过10^{10});某些候选抗体分子的表达会抑制宿主菌的生长,甚至毒性过大导致宿主菌的死亡;有些候选抗体分子与抗原结合后,很难被洗脱下而丢失;在进行抗体分子定向进化时,除了受到库容量的限制外,基因突变与表型筛选之间的转换也很繁琐。采用体外突变的方法,每次突变之后必须进行连接和转化,而每次转化都会造成多样性的大量丢失。近年来问世的核糖体展示技术,在早期多肽多聚核糖体展示技术的基础上,建立了体外筛选抗体(完整蛋白)的新技术 – 核糖体展示技术(ribosome display,RD)完全在体外进行,其文库容量及分子多样性得到了显著的增强,并简化了单链抗体的筛选过程,弥补了噬菌体展示等细胞内展示的不足,可望筛选到高亲和力的单链抗体。可以预见,核糖体展示技术在蛋白质工程领域,尤其是抗体工程领域,将具有非常广阔的应用前景。

核糖体展示技术是在多聚核糖体展示技术的基础上改进而来的一种利用功能性蛋白相互作用进行筛选的新技术,它将正确折叠的蛋白及其mRNA同时结合在核糖体上,形成mRNA – 核糖体 – 蛋白质三聚体,使目的蛋白的基因型和表型联系起来,可用于抗体和蛋白质文库选择、蛋白质体外改造等。运用此技术已成功筛选到一些与靶分子特异结合的高亲和力蛋白质,包括抗体、多肽、酶等,是蛋白质筛选的重要工具。核糖体展示技术的基本过程如下,首先构建核糖体展示的模板,通过聚合酶链反应(PCR)扩增DNA文库,同时引入T7启动子、核糖体结合位点及茎 – 环结构,将其转录成mRNA,在无细胞翻译系统中进行翻译,使目的基因的翻译产物展示在核糖体表面。在核糖体展示模板中不存在任何终止密码,所以在翻译结束后,核糖体不脱离mRNA翻译模板,滞留在其3′端。体外翻译和亲和筛选的溶液具有较高镁离子浓度,并且各步操作均在冰上进行,这样可以保证核糖体的大小亚基不发生分离,使候选蛋白的基因型和表型统一在mRNA、核糖体及蛋白质三元复合物中。然后以亲和筛选的方式,通过候选蛋白与其配体的结合反应,捕获其编码基因。由于洗脱缓冲液中的EDTA具有螯合镁离子的作用,所以洗脱时导致镁离子浓度降低,进而核糖体解离并释放mRNA。mRNA经过纯化后用作RT – PCR的模板,并重新引入T7启动子等核糖体展示必需元件,构建核糖体展示模板,进行新一轮的核糖体展示。当mRNA与核糖体的比例相近时,体外翻译产物中主要是单核糖体复合物,因此被命名为核糖体展示技术。

一、单链抗体 scFv 基因片段的改造

（一）研究背景

scFv 核糖体展示模板的 3 个组成部分包括:5′非编码区,编码区和 3′非编码区。为了使基因片段能有效转录和翻译,5′非编码区包括 T7 启动子(T7 RNA 聚合酶启动转录所必需)、Shine Deglarno 序列(来源于 T7 噬菌体基因 10)以及能够形成茎环结构的一段反向重复序列。5′茎环结构能够有效保护 mRNA 避免 RNase E 的降解。3′非编码区也存在一段反向重复序列,可以在 mRNA 水平形成茎环结构。3′茎环结构在避免 3′→5′核酸外切酶对mRNA 的降解方面起着重要的作用。有实验结果证明,在核糖体展示模板中加入上述两种茎环结构后,核糖体展示效率会提高 15 倍。为了避免核糖体对抗体空间构象影响以及在亲和筛选时,为抗原抗体结合反应提供足够的弹性空间,编码区除 scFv 编码序列外,还必须一段间隔区(space)。在翻译过程中,核糖体大约需要 20～30 个氨基酸的空间位置。在一定范围内,核糖体展示的效率随间隔序列长度的增加而提高,M13 丝状噬菌体 PⅢ 蛋白的 88～116 位氨基酸编码序列,抗体轻链恒定区 κ 结构域都曾被用作间隔区,用于 scFv 抗体片段的核糖体展示与筛选。分别将需要的基因片段和间隔序列各自扩出来。保证在整个模板中不存在任何终止密码,才能保证在体外翻译时核糖体不会脱离 mRNA 翻译模板。可以采用体外连接和重叠 PCR 两种策略构建核糖体展示模板。在进行体外连接之前,从噬菌体基因组 DNA 或噬菌体粒上,将 gⅢ 基因的一部分切下作为间隔区,同时对 DNA 库也进行酶切。两种酶切产物在 4 ℃ 连接过夜,直接进行两轮 PCR 扩增,构建核糖体展示板。还可以采用 PCR 方法从噬菌体 DNA 或噬菌体粒上直接扩增间隔区,然后通过重叠 PCR 反应构建核糖体展示模板。

（二）实验设计举例 I

1. 实验题目

体外连接法构建核糖体展示模板。

2. 实验目的

构建核糖体展示模板。

3. 实验设计思路

（1）从噬菌体(pAK200)或 fd 噬菌体 DNA 上用限制性内切酶 Sfi/Hind Ⅲ 或 EcoR/HindⅢ切下一段 DNA 片段,作为核糖体展示的间隔区,酶切产物经过琼脂糖电泳后,回收纯化。

（2）将 DNA 库使用 Sfi I 或 EcoR I 进行酶切。酶切产物经过电泳后,回收纯化。

（3）将两种酶切产物以 3∶1 的比例,混合在 30 μL 的连接反应体系中(10U T4 DNA 连接酶),16 ℃连接 2 h。

（4）PCR 扩增反应体系包括 5 μL 的连接产物,5 μL 10 × PCR 缓冲液、1.5 μL 50 mmol/L MgCl₂、0.5 μL 20 mmol/L dNTP、2.5 μL DMSO、0.5 Ml 100 μmol/引物(SDA 及 T5te)、0.5 μL(2.5 U)Taq DNA 聚合酶、补水至 50 μL。反应条件为 94 ℃预变性 4 min;低温扩增 5 个循环(94 ℃变性 30 s,37 ℃退火 30 s,72 ℃延伸 2.5 min);72 ℃延伸 10 min。PCR 产物经过琼脂糖电泳回收纯化后溶解在 30～50 μLTE 缓冲液中。

（5）PCR 回收产物作为模板,进行下一轮 PCR 扩增,反应体系包括 10 μL 连接产物、5 μL 10 × PCR 缓冲液、1.5 μL 50 mmol/L MgCl₂、0.5 μL 20 mmol/L dNTP、2.5 μL DMSO、0.5 μL 100 μmol/L 引物(T7B 及 T5te)、0.5 μL(2.5 U)*Taq* DNA 聚合酶。PCR 反应条件与第一轮相同。PCR 产物经过琼脂糖电泳回收纯化后溶解在 30 ~ 50 μL TE 缓冲液中,用做体外转录模板。

（二）实验设计举例 II

1. 实验题目

重叠 PCR 方法构建核糖体展示模板。

2. 实验目的

构建核糖体展示模板。

3. 实验设计思路

（1）以噬菌体 pAK200 为模板,以 SFI - SPACER/T5te 作为引物,扩增核糖体展示模板的间隔区,琼脂糖电泳回收纯化 PCR 产物。

（2）以 SDA/SFI - RESCUE 作为引物,扩增 DNA 库。琼脂糖电泳回收纯化 PCR 产物。

（3）取 15 ng DNA 库,CPR 扩增产物与 3 ng 间隔区 DNA 片段,混合在一起,不加引物重叠延伸反应。反应条件为 94 ℃预变性 4 min;延伸 5 个循环(94 ℃变性 30 s,50 ℃退火 30 s,72 ℃延伸 2.5 min)。

（4）延伸产物不必经过纯化,补充添加加一定量的 SDA 及 T5te 作为引物,继续 PCR 扩增 12 个循环(94 ℃变性 30 s,50 ℃退火 30 s,72 ℃延伸 2.5 min)。琼脂糖电泳回收纯化 PCR 产物。

（5）回收的 PCR 产物作为模板,以 T7B 及 T5te 作为引物,进行下一轮 PCR 扩增。PCR 产物经过琼脂糖电泳回收纯化后溶解在 30 ~ 50 μL TE 缓冲液中,用作体外转录模板。

二、体外转录与体外翻译

（一）研究背景

核糖体展示中体外转录与体外翻译可以偶联进行,也可以分别独立进行。体外表达可以利用来自原核的 *E. coli* S - 30 无细胞蛋白合成系统或真核的兔网织红细胞裂解液和麦胚提取物的蛋白合成系统,至于何种系统更合适,目前尚有争议。目前仅有少数人使用含有2 mmol/L DTT 的兔网织红细胞裂解无体外表达体系(转录与翻译偶联)成功进行了 scFv 抗体片段的核糖体展示。体外转录和体外翻译可以偶联进行,也可以分别进行。目前,已有以 DNA 为模板的体外蛋白翻译系统和以 RNA 为模板的体外转录与翻译偶联的商用系统问世。对于含有二硫桥的 ScFv 抗体和其他蛋白质,转录和翻译应分别进行,因为含有二硫键的蛋白质要在氧化条件下才能正确折叠,但转录时,T7 RNA 聚合酶要求具有还原性的二硫苏糖醇 DTT 或者 β - 巯基乙醇维持其稳定性。如果目标蛋白在还原性条件下能正确折叠,则体外转录翻译偶联体系效果可能更好。因此在进行抗体分子的核糖体展示与筛选时,为保证形成二硫键的氧化性环境,翻译与转录应分别独立进行。即采用体外转录和体外翻译分别独立进行的方式进行单链抗体的核糖体展示。

目前体外转录技术已经非常成熟。进行原核体外翻译时,为了保证体外翻译体系的氧化性环境，制备大肠杆菌 S30 抽提物使用的所有缓冲液都不含有 DTT 或 β - 巯基乙醇等还原剂。体外翻译体系中的镁离子、钾离子、大肠杆菌抽提物的用量和体外翻译实践对核糖体展示效率影响极大。大多数蛋白质在低温条件下进行体外翻译更有效。但至少对于单链抗体片段(scFv)而言，在 37 ℃ 进行体外翻译含有功能抗体的三重复合物所占比例更高。使用 200 μL 的体外转录体系，加入 10 μg DNA 模板，2～3 h 内大约可以合成 0.1 mg RNA。

当体外转录和体外翻译偶联时，持续转录使得 mRNA 的水平非常稳定。如果分别进行体外转录与体外翻译，那就应该格外注意降低核糖核酸酶 RNase 的影响。RNase I 是降解 tRNA 的主要核酸酶，而大肠杆菌菌株 MRE600 是 RNase I 缺陷型，所以多采用 MRE600 细胞制备大肠杆菌抽提物。大肠杆菌胞内有 20 多种核糖核酸酶，其中至少有 5 种与 mRNA 的降解有关，其中许多种类存在于 S30 细胞抽提物中。在大肠杆菌细胞质中，mRNA 的半寿期一般在 30 s 至 20 min 之间，具体长短取决于 mRNA 的二级结构及核糖核酸酶的活性，VRC - 过渡态类似物(氧钒核糖核苷复合物)作为核糖核酸酶 RNase 抑制剂，能有效抑制核酸酶提高 *E. coli* 核糖体展示效率。尽管 VRC - 过渡态类似物有利于提高核糖体展示系统的效率，但是对翻译也有抑制作用。所以，VRC 已经不被用于核糖体展示。翻译结束后立即冷却反应混合物，所有筛选步骤在冰上进行降低 RNase 的影响。以修饰过的核苷酸作为转录底物将可以进一步稳定 mRNA。如果对核糖核苷的 2′ - 羟基进行乙酰化修饰，也可以保护 mRNA 避免核糖核酸酶的降解。但这种保护效应均有序列依赖性，mRNA 的模板活性也取决于修饰核苷酸种类。如果将所有的核苷酸替代为其类似物，体外翻译就会被完全抑制。另外，3′ 和 5′ 端的茎环结构可以使 mRNA 避免核酸外切酶 PNase(识别 mRNA 的 3′ 端)、RNase II 和核酸内切酶 RNase E(识别 mRNA 的 5′ 端)的降解。

体外翻译时抗体能否正确折叠对核糖体展示效率有决定性影响，而位于抗体结构域内的二硫键桥对于维持抗体结构和正确折叠至关重要。在真核细胞内质网内，由蛋白质二硫键异构酶(PDI)催化二硫键的形成及异构化。在单链抗体的原核核糖体展示系统中添加真核 PDI 和谷胱苷肽，可以使核糖体展示的效率提高 3 倍。

为了避免由不完整的 mRNA 反应生成有害多肽，在大肠杆菌胞内有一种自我保护机制。无终止密码的 mRNA 的翻译产物的 C 端会自动被添加一段 11 个氨基酸的多肽标志物 (AANDENYALAA)。该多肽标签由 ssrA 基因编码，翻译模板为 10S RNA。带有多肽标签的翻译产物会被胞质或周质腔中的某种蛋白酶降解。使用大肠杆菌抽提物进行体外翻译体系时，这一自我保护机制仍然有效。为了封闭 10S RNA 的作用，在体外翻译混合物中添加 10S RNA 的反义寡聚核苷酸可以使核糖体展示效率提高 4 倍。

（二）实验设计举例

1. 实验题目

体外转录(未标记的 RNA)及体外翻译示例。

2. 实验目的

以质粒 DNA 为模板的体外转录，用兔网织红细胞裂解物系统进行体外翻译。

3. 实验设计思路

体外转录示例

（1）酚-氯仿-异戊醇抽提去除 PCR 产物中 RNase。加入等体积酚-氯仿-异戊醇

（25∶24∶1），摇匀后 4 ℃ 12 000 r/min 离心 15 s；取水相，加入 2 倍体积的氯仿，摇匀后再次 1 200 g 4 ℃ 离心 30 min；70 % 乙醇洗涤，干燥后溶于无 RNase 水中。

（2）按照顺序加入以下各种组分：20 μL 5 × transcription buffer（200 mmol/L Tris - HCl（pH 7.5）、30 mmol/L MgCl$_2$、10 mmol/L spermidine、50 mmol/L NaCl），10 μL DTT（100 mmol/L），100 U Rnasin，20 μL ATP、GTP、CTP、UTP（均 2.5 mmol/L，由 4 种 10 mmol/L rNTP 储备液等体积配制），2 ~ 5 μg 溶于水或 TE 缓冲液中的线性质粒 DNA 模板，RNA 聚合酶 T7，T3 或 SP6，无核酸酶水补足至 100 μL。在 37 ~ 40 ℃ 水浴 60 ~ 120 min，进行体外转录反应。

（3）LiCl 选择性沉淀 RNA。将转录产物置于冰上冷却后，加入等体积的冰预冷的 6 mol/L LiCl，轻轻混匀后冰上放置 30 min；4 ℃ 16 000 r/min 离心 30 min，加入 500 μL 70 % 的乙醇洗涤沉淀，加入无 RNase 水溶解沉淀，并立即进行体外翻译。否则直接将沉淀悬浮在 70 % 乙醇中，置 - 70 ℃ 保存或者液氮保存。

体外翻译示例（用兔网织红细胞裂解物系统进行体外翻译）

（1）准备冰预冷的洗涤缓冲液（WBTH），配方为 50 mmol/L Tris-HAc（pH 7.5），150 mmol/L NaCl，50 mmol/L MgAc$_2$，0.1 % Tween 20，25 mg/mL 肝素（heparin）。

（2）在冰上混合下列组分 Rabbit Reticulocyte Lysate 35 μL，Nuclearse-free water 7 μL，RNasin Ribonuclease Inhibitor 40U，Amino Acid Mixture minus Methionine 1 mmol/L 1 μL，[^{35}S] methionine，（1 200 Ci/mmol）at 10 mCi/mL 4 μL，RNA template in H$_2$O。补水至 50 μL。

（3）30 ℃ 水浴放置 60 min。

（4）将上述混合物与 200 μL WBTH 混合，轻轻混匀后水浴放置，准备进行亲和筛选。

三、亲和筛选

（一）研究背景

体外翻译反应结束后，将翻译产物稀释 4 倍终止反应。反应试剂中始终保持 50 mmol/L Mg^{2+} 浓度，稳定 mRNA - 核糖体 - 蛋白质三元复合物。可以直接进行亲和筛选，也可以 4 ℃ 保存，核糖体复合物在 4 ℃ 保存至少 10 天。因为氯霉素可以抑制翻译过程中肽链延伸，Mattheakis 等人认为添加一定浓度的氯霉素可以在整个亲和筛选的过程中保证核糖体不从 mRNA 上脱离。但 Plucktun 等人在实验中并未发现添加氯霉素对提高核糖体展示效率有任何益处。在筛选过程中保持 1 % ~ 2 % 的脱脂奶粉和 0.2 % 的肝素浓度有助于降低抗原抗体的非特异性反应，减少核糖体复合物在固相表面的非特异吸附；肝素还可以抑制核酸酶的活性。

亲和筛选分为固相筛选和液相筛选，主要有 ELISA 和磁珠法。Hanes 等认为 ELISA 方法中，抗原包被在塑料表面上，而塑料表面的疏水作用有可能会影响吸附蛋白的空间构象，从而导致筛选出的抗体分子不能识别抗原的天然表位，磁阻法是在抗原上连接捕获标签，如生物素，然后在形成抗原 - 抗体复合物后，采用磁珠 - 链霉亲和素捕获该标签，进行亲和筛选。

筛选结束后，mRNA 的分离需要在冰冷的洗脱缓冲液中添加一定浓度如 20 mmol/L 的 EDTA，螯合镁离子，就可以解离核糖体和释放 mRNA。这种洗脱方式不破坏抗原抗体的结合，有利于分离到具有极高亲和力的抗体片段。这也是核糖体展示技术的一个优点。

（二）实验设计举例

1. 实验题目

液相亲和筛选。

2. 实验目的

利用 mRNA - 核糖体 - 抗体复合物亲和筛选 mRNA。

3. 实验设计思路

（1）使用冰预冷的 WBT 洗涤缓冲液包括 50 mmol/L Tris - HAc（pH 7.5），150 mmol/L NaCl，50 mmol/L MgAc$_2$，0.1％ Tween 20 将链亲和素 - 磁珠洗涤 4 遍，然后与等体积的 WBT 缓冲液混合，冰上保存。

（2）将 5 mL 的筛选管充满 4％ 的脱脂奶粉，室温反复倒转 1 h 封闭非特异性位点，然后使用 PBS 洗 3 遍，充满 WBT，冰上保存。

（3）制备无生物素的脱脂奶粉溶液，将 1 mL 12％ 的灭菌脱脂奶粉溶液与 100 μL 链亲和素 - 磁珠混合室温反复倒转 1 h，去除链亲和素 - 磁珠后，冰上保存。

（4）将稀释后的体外翻译产物 4 ℃ 16 000 r/min 离心 5 min，除去不溶性成分，上清液与无生物素的 12％ 脱脂奶粉溶液和筛选配体溶液混合，使脱脂奶粉的最终浓度达到 2％。

（5）将上述溶液转移到准备好的筛选管中在冰室中反复倒转 1 h。

（6）加入 100 μL 链亲和素 - 磁珠继续倒转 10～15 min。解离下来的 mRNA 液氮保存或立即分离。

四、分离纯化 mRNA 及 RT - PCR

（一）研究背景

洗脱下来的 mRNA 用 DNase Ⅰ 处理去除残留的 DNA 模板，进行 RT - PCR 反应重新引入 T7 启动子，SD 序列等核糖体展示必需元件用于下一轮展示或直接进行 Northern 杂交，评价筛选效率。将最后一轮筛选到的靶标基因与质粒连接转化到大肠杆菌中，可以得到单个靶标克隆。进一步采用体外或体内（分泌型或包涵体型）表达方式表达单链抗体分子，进行活性鉴定。

（二）实验设计举例

1. 实验题目

mRNA 的纯化和扩增。

2. 实验目的

分离纯化 mRNA 及 RT-PCR。

3. 实验设计思路

（1）采用 Roche 公司的高纯度 mRNA 纯化试剂盒纯化 mRNA，纯化过程中使用 Dnase Ⅰ 消化残留的 DNA 转录模板，以避免干扰对下一步的 RT - PCR 反应。

（2）纯化柱洗脱下来的 mRNA 立即 70 ℃ 水浴 10 min，然后立即冰浴 1～2 min。

（3）同时准备 cDNA 第一条链合成预混合物：10 μL 5 × 第一条链合成缓冲液，1.25 μL dNTP（20 mmol/L），50U RNasin，5 μL 0.1 mol/L DTT，250U superscript 反转录酶，0.5 μL T5te（100 μmol/L）作为引物，补水至 20 μL。

（4）将处理好的 mRNA 样品(约 30 μL)加入到上述预混合物中,52 ℃水浴放置 1 h。

（5）PCR 混合物 5 μL 10 × PCR 缓冲液,0.5 μL dNTP(每管 20 mmol/L),2.5 μL DMSO,0.5 μL T5te 和 SDA(每管 100 μmol/L)作为引物,0.5 μL *Taq*(2.5 U),补水至50 μL。反应条件为 94 ℃预变性 4 min;94 ℃变性 30 s;50 ℃退火 30 s;72 ℃延伸 2.5 min;循环数为 20 ~ 30。通过预实验确定最佳循环数,然后将所有的反转录产物 PCR 扩增,用于下一轮筛选或进行筛选产物的鉴定。

五、亲和筛选特异性富集程度鉴定

（一）研究背景

在每轮亲和筛选之后,可以将洗脱下来的 mRNA 用于 Northern blotting 进行鉴定特异性富集程度;也可以将洗脱下来的 mRNA 直接作为翻译模板,掺入同位素标记的氨基酸,进行体外翻译,继而放射免疫(RIA)鉴定。

（二）实验设计举例

1. 实验题目

酶联免疫吸附法 RIA 鉴定亲和筛选特意富集程度。

2. 实验目的

亲和筛选特异性富集程度鉴定。

3. 实验设计思路

每轮筛选后 RT – PCR 产物经过转录后生成的 mRNA 可以作为翻译模板进行体外翻译。

（1）以[35S]Met 替代 Met;翻译产物以 PBST 稀释 4 倍,离心 5 min 去除不溶性成分。

（2）将上清分成两部分,一部分直接用于与固定化的配体结合,另一部分与一定浓度的游离配体溶液混合后,再与固定化的配体结合。

（3）以 PBST 洗板 5 次后,向每个孔内加入一定体积的 SDS 溶液室温振荡 15 min,液闪定量测定洗脱下来的同位素标记的特异性结合的抗体片段。

抗体库技术展望

自从核糖体展示技术建立后,已经成功进行了多种抗体的筛选和定向进化。采用核糖体展示技术成功地从人源全合成抗体库(HuCAL 库,库容 2×10^9)中筛选出抗牛胰岛素的单链抗体,解离常数达到 82 pmol。

用核糖体展示技术对未变异的文库进行筛选时,可以通过易错 PCR 或(DNA shuffle)等方法引入突变,增加分子多样性,从而提高获得高亲和力、良好稳定性或增加酶活性靶标分子的机率,以核糖体展示作为筛选方式,可以对已有单链抗体的亲和力和稳定性进行定向进化。在对抗酵母转录因子 GCN4 的鼠源性特异性抗体进行定向进化时,经过 5 轮筛选,该抗体的亲和力提高了 65 倍,KD 值为 10^{-11} mol/L;此外,还原条件下筛选到的不含二硫键桥的单链抗体,在氧化性环境恢复二硫键桥后,稳定性由 24 KJ/mol 可提高到 54 KJ/mol。

核糖体展示技术还被用于改造其他蛋白。CTLA4 是免疫球蛋白超家族的成员,参与 T 细胞活化的信号传递过程。Irving 等人利用核糖体展示技术对 CTLA4 的一个结构域成功进行了亲和力成熟的体外进化。

核糖体展示技术完全在体外进行,与噬菌体或酵母菌展示技术相比具有建库简单、库容量大、分子多样性强、筛选方法简便、无需选择压力,还可通过引入突变和重组技术来提高靶标蛋白的亲和力等优点,是一种筛选大型文库和获取分子进化强有力的方法。

核糖体展示的效率主要与核糖体复合物的完整性与稳定性有关。核糖体复合物中的 mRNA 有可能被核糖核酸酶降解,而其中的蛋白可能是错误折叠或不具功能的蛋白。体外翻译过程中,展示蛋白和核糖体有可能从 mRNA 上提前解离。如果靶分子数量较少,游离展示与核糖体复合物形成竞争,影响筛选效率。

如何进一步地提高该系统的稳定性,特别是如何防止 mRNA 的降解和形成稳固的蛋白质 – 核糖体 – mRNA 三聚体无疑是该技术的关键问题。如何提高大分子蛋白质在核糖体上的展示也是未来研究需要关注的问题。

通过调整核糖体展示技术的条件可以进一步提高核糖体展示的效率。体外翻译时以谷氨酸钾代替乙酸钾,也可以明显提高 mRNA 的产量。是否添加 DTT 或调整其浓度,可以为核糖体展示系统选择合适的氧化还原状态。添加有助于蛋白折叠的分子伴侣或酶(如蛋白质顺反异构酶,蛋白质二硫键异构酶),有助于合成更多的功能蛋白。某些蛋白的正确折叠必需真核分子伴侣,在体外翻译时,如胞内抗体,就应该模拟 *E. coli* 的细胞质环境,使筛选到的胞内抗体能够在细胞内保持稳定,并与胞内靶物质结合发挥功能。真核细胞抽提物与原核细胞抽提物均可用于抗体的核糖体展示,但 Plückthun 等人以 scFv 抗体片段作为检验模型,发现采用大肠杆菌抽提物进行体外翻译能够取得更好的展示效果。使用浓缩的 *E. coli* 抽提物,并在体外翻译同时进行透析,蛋白产量可达 6 mg/mL。

如前文所述,核糖体展示的整个过程完全在体外进行,不经过转化,可以进行大容量库($\geq 10^{11}$)的构建与筛选;允许采用许多体外突变方法引入随机突变,如寡聚核苷酸定点突变等;基因突变与表型筛选都在体外进行,避免了体内体外操作的转换,在短期内可以进行多轮筛选,通过不断引入突变为体外翻译时或体外翻译后增加选择压力;在核糖体展示的洗脱过程中核糖体复合物解离,而筛选蛋白仍然与其配体结合在一起,因此可以筛选到具有极高亲和力的蛋白分子,通过调整筛选条件,如添加竞争性抗原或延长离线筛选时间,还可以改善抗体的识别表位、抗体稳定性以及其他分子性质。核糖体展示技术具有的以上优点使其在蛋白分子定向进化领域,尤其是在抗体分子定向进化领域,较其他体内筛选技术更有优势。随着对核糖体展示技术的进一步研究,核糖体展示技术作为一种新兴的克隆展示技术,必将在蛋白质相互作用研究、新药开发以及蛋白组学等方面显示出更为广泛的应用空间。

复习思考题

1. 请简述噬菌体展示技术的优缺点。
2. 请简述核糖体展示技术的优势和进一步要解决的问题。

（封　云）

第五章

酶工程设计性实验

实验十五

酶法制备高 F 值寡肽

一、研究背景

F 值（Fischer ratio），是指在氨基酸或寡肽混合物中支链氨基酸（BCAA，主要指缬氨酸、亮氨酸和异亮氨酸）与芳香族氨基酸（AAA，主要指酪氨酸、色氨酸和苯丙氨酸）含量的摩尔数比值；寡肽是由 2～9 个氨基酸组合而成的蛋白质前体，高 F 值寡肽是一种具有高支链氨基酸含量和低芳香族氨基酸含量组成的混合小肽体系，一般用于临床治疗的高 F 值寡肽制品其 F 值应大于 20。

高 F 值寡肽的活性主要取决于组成的支链氨基酸的生理功能，包括亮氨酸、异亮氨酸、缬氨酸，这三种氨基酸在人体内均为必需氨基酸，且单独存在时对人体就有重要功能及作用。

（1）亮氨酸　促进骨骼及皮肤伤口愈合；降低体内血糖浓度。

（2）异亮氨酸　治疗精神障碍；增进食欲，抗贫血。

（3）缬氨酸　维持神经系统正常；增强机体免疫功能；辅助治疗肝昏迷；促进 T 淋巴细胞的成熟。

高 F 值寡肽在哺乳动物体内的生理活性研究表明：能有效地保护大鼠肝细胞，维持和改善肝脏氨基酸的清除率；对小鼠皮肤具有抗衰老活性；能缩短小鼠在水迷宫中的潜伏期，对小鼠的记忆具有一定的改善作用。目前高 F 值寡肽主要用于辅助治疗肝性脑病、缓解疲劳、缓解酒精中毒、治疗苯丙酮尿症、降低血清胆固醇的浓度、抑制癌细胞增殖以及改善手术后病人的蛋白质营养状态等。

随着对高 F 值寡肽研究的深入，其制备技术及功能机理的研究也不断发展，制备原料越来越丰富，人们已经在大豆蛋白、玉米蛋白粉、乳清蛋白、鱼蛋白、牛乳酪蛋白、魔芋飞粉、多种海产品中分离得到高 F 值寡肽。所用蛋白酶品种越来越多，碱性蛋白酶、复合蛋白酶、风味蛋白酶、链霉蛋白酶、肌动蛋白酶等都被用来水解原料并取得较高水解度。分离、纯化方法越来越多，人们已将凝胶层析、高效液相色谱、离子交换色谱、膜过滤等多种技术应用到高 F 值寡肽的分离纯化中。

目前，酶法制备高 F 值寡肽的研究思路主要集中在以下 4 个方面：

1. 根据特定的蛋白酶筛选合适的原料

针对某一特定的蛋白酶，选用不同的原料来制备高 F 值寡肽。检测水解产物的组成成分，结合原料的组成，分析该蛋白酶对底物或者某些氨基酸的偏好性。

2. 根据特定的原料筛选合适的蛋白酶

选择一种低成本、易获取的原料，如米糟（大米发酵生产味精、酒精、乳酸、淀粉糖等后剩下的副产物）、玉米蛋白粉（湿法生产玉米淀粉的副产物）等。针对该原料使用不同种类的蛋白酶水解,检测水解产物的组成成分,计算寡肽的 F 值,选择最有效的蛋白酶。

3. 优化蛋白酶水解反应的条件

针对某一特定反应,研究原料的预处理、酶的添加、反应温度、pH、水解时间对反应的影响,探讨反应规模放大、连续化生产的可能性,产物的分离纯化条件等,目的是获得尽可能高的产物制备速率和尽可能高的产物纯度。

4. 不同 F 值寡肽的生理活性研究

通过不同的原料和蛋白酶制备 F 值不同的寡肽,将这些寡肽应用于哺乳动物体内研究,探讨 F 值对寡肽生理活性的影响,以开拓高 F 值寡肽的应用领域。

二、实验设计举例

(一) 实验题目

蛋白酶水解蛋清制备高 F 值寡肽。

(二) 实验目的

筛选能高效水解蛋清产生高 F 值寡肽的蛋白酶。

(三) 实验设计思路

各种蛋白酶水解蛋清生成的游离氨基酸有很大的差别,由于高 F 值肽是支链氨基酸含量较高、芳香族氨基酸含量较低的肽,所以在水解时应尽可能地保留支链氨基酸使其以肽键的形式存在,而使芳香族氨基酸最多的游离出来。目前高 F 值寡肽制备主要采用二步酶解法,第一步使用蛋白内切酶在原料蛋白肽链的芳香族氨基酸处酶切使芳香族氨基酸暴露出来,第二步使用蛋白外切酶将芳香族氨基酸水解呈游离态释放出来。然后可采用活性炭吸附、凝胶层析法、离子交换法等去除酶解液中的芳香族氨基酸从而达到水解液的高 F 值化的目的。本实验选择几种商品化的蛋白酶,在第一步和第二步水解中组合使用,以筛选能高效水解蛋清产生高 F 值寡肽的蛋白酶。

(四) 器材和试剂

电动搅拌器,恒温水浴锅,分光光度计,高速离心机,电子天平。

鸡蛋清,碱性蛋白酶,中性蛋白酶,木瓜蛋白酶,风味蛋白酶。

(五) 实验方法

1. 鸡蛋清的预处理

由于蛋清蛋白结构致密,因此需要进行一定的预处理,使之结构变得相对较松散,形成易于蛋白酶作用的状态。鲜鸡蛋打蛋分离出蛋清,称取一定量的蛋清,将蛋清稀释至蛋白质浓度为 4%,沸水中水浴 15 min 变性。

2. 蛋白质水解

取一定量预处理过的蛋清,加入 250 mL 三颈瓶中,搅拌均匀,加入 4%(酶/底物,m/m,下同)的碱性蛋白酶或者中性蛋白酶进行第一步水解,调节水浴温度 45 ℃ 和 pH(碱性蛋白酶的最适 pH 为 9.0,中性蛋白酶的最适 pH 为 7.0),水解时间为 6 h。水解过程中电动搅拌机不断地搅拌,并不断加入适当浓度的 NaOH 以维持 pH 的变化在规定范围的 ± 0.1。达到预定时间后,加入 2 mol/L HCl 调节 pH 至 6.0,使未水解的蛋白沉淀下来。升温到中心温度 90 ℃,维持 15 min,对酶进行灭活。然后迅速冷却至室温,置于离心机中,以

6 000 r/min离心 20 min,收集上清液。

收集的上清液中加入 3% 木瓜蛋白酶或者风味蛋白酶进行第二步水解,调节水浴温度 50 ℃和 pH 7,水解时间为 4 h。水解过程和后处理步骤与第一步水解相同。

3. 蛋清水解液高 F 值化

在第二步水解液中加入 8% 粉状活性炭,调节水浴温度 40 ℃和 pH 8.0,搅拌 1.5 h, 6 000 r/min离心 5 min,取上清液用紫外分光光度计测定。

4. F 值计算

寡肽混合物中,芳香族氨基酸的最大吸收峰在 280 nm 处,支链氨基酸则在 220 nm 处。 因此可通过紫外分光光度法检测水解液中的 OD 值测定支链氨基酸和芳香氨基酸的比值。

$$F = OD_{220}/OD_{280}$$

式中:OD_{220}—寡肽混合物在 220 nm 处的吸光度;

　　OD_{280}—寡肽混合物在 280 nm 处的吸光度。

（六）实验报告

将两种蛋白内切酶(碱性蛋白酶、中性蛋白酶)与两种蛋白外切酶(木瓜蛋白酶、风味 蛋白酶)两两联合使用,计算经活性炭高 F 值化后的水解产物的 F 值,讨论水解蛋清制备 高 F 值寡肽的最适蛋白酶。

（七）思考题

除了以 F 值为标准筛选蛋白酶外,还需要在哪些方面进行考虑?

（金　子）

实验十六

酶法制备(S)–萘普生

一、研究背景

非甾体类抗炎药是一类拥有相似的生理效果且表现出不同程度的镇痛、退烧和消炎活性的结构多样的化合物,是继阿司匹林、吲哚美辛后的第三代抗炎药,因治疗指数高、肠胃刺激和肝毒性等副作用低而越来越受到重视。大部分的非甾体类抗炎药为有机酸,含有一个共同的结构特征:2–芳基取代的丙酸。该类化合物的代表如萘普生、布洛芬、酮基布洛芬等都已经被成功地应用于医疗。在大多数情况下,这些手性药物的(S)–构型对映体的抗炎效果比消旋体要高。例如(S)–萘普生的抗炎活性是(R)–萘普生的 28 倍,且(R)–萘普生对肝脏有较大的毒性,而且萘普生的抗炎活性比布洛芬和阿司匹林分别高出 11 倍和 55 倍。(S)–萘普生是较早作为单一对映体被开发应用的手性药物分子。它能抑制花生四烯酸代谢中的环加氧酶,减少前列腺素的合成及缓激肽,组胺等一些致痛物的释放,并降低疼痛感受器的敏感性,由此起到抗炎止痛的功效。其在临床上应用广泛,主要用于风湿性脊椎炎、治疗类风湿性关节炎及产后、术后止痛等。

化学法对外消旋萘普生的拆分主要包括诱导结晶、化学不对称合成、形成胺盐及利用高效液相色谱手性制备柱等方法。但化学法拆分得到的产品一次合格率低,且存在原辅材料及能源消耗大、成本高、对环境不友好等缺点。随着非水相酶学的发展,发现脂肪酶拆分外消旋萘普生,可获得光学纯度高的(S)–萘普生,具有反应条件温和、能源消耗低、产物易分离纯化等优点。

萘普生的酶法拆分已经越来越受到重视,研究的重点主要在于酶的选择、反应体系的优化、以及产物抑制的解除,旨在以高得率生成高对映纯度的(S)–萘普生。因此,开发优良的生物催化剂以及(R)–型底物的高效回收再利用工艺以提高(S)–萘普生的生产效率仍是目前研究的主要任务。

目前,酶法制备萘普生的研究思路主要集中在以下 3 个方面:

1. 开发新的酶源

目前萘普生酶法拆分的主要酶类是脂肪酶,包括褶皱假丝酵母脂肪酶(*Candida rugosa* lipase,CRL),猪胰脂肪酶(pocine pancreas lipase,PPL),柱状假丝酵母脂肪酶(*Candida cylindracea* lipase,CCL)等。有研究发现酯酶类(来源于枯草芽胞杆菌,*Bacillus? subtilis*)和氧化还原酶类(来源于假单胞菌属,*Pseudomonas* sp. 和气单胞菌属,*Aeromonas* sp.)对萘普生的对映选择性拆分同样具有较好的效果。

2. 动态动力学拆分萘普生

动态动力学拆分是指在进行动力学拆分(R,S)–萘普生的同时加入消旋催化剂,将

(R) – 萘普生外消旋化,从而达到由(R, S) – 萘普生直接转化成(S) – 萘普生的方法,理论转化率可以无限接近100%。该法克服了经典动力学拆分最高产率只有50%的缺陷,有助于开发(R) – 型底物的高效回收再利用工艺。

3. 拆分条件的优化

以高对映体过量值和高底物转化率为目标,优化某种脂肪酶拆分萘普生的条件。首先选择反应类型:脂肪酶对外消旋萘普生酯的不对称水解拆分,或者脂肪酶对外消旋萘普生选择性酯化拆分。在此基础上,研究溶剂、底物浓度、pH、温度、反应时间等对拆分结果的影响,其中溶剂和温度对脂肪酶拆分手性物质的影响最大。除此之外,还有对反应产物的分离纯化进行研究。

三、实验设计举例

(一)实验题目

溶剂对脂肪酶拆分萘普生的影响。

(一)实验目的

优化脂肪酶拆分萘普生的反应溶剂。

(二)实验设计思路

有机溶剂会对酶的活力产生影响。有机溶剂主要从下列三个方面来影响酶催化:①溶解于酶周围水分子层内的有机溶剂分子与酶直接结合,会导致酶受抑制或失活。②有机溶剂会夺去酶分子表面的必需水分,导致酶活下降。③由于酶一般不溶于有机溶剂,酶与两相界面的直接接触,可能会导致酶失活。其次,溶剂也影响酶的催化选择性。酶催化的立体选择性受溶剂的介电常数的影响,可能归因于高介电常数的环境下蛋白质结构的弹性增加,而导致酶的选择性发生改变。

极性是有机溶剂一个非常重要的性质。通常来说,极性越强的溶剂,越容易夺取酶的必需水,影响酶的活力;极性越强的溶剂,介电常数越小,影响酶的选择性。有机溶剂极性的强弱可以用 $\lg P$ 来表示,P 为某溶剂在正辛醇和水中的分配比例,$\lg P$ 值越小,表示溶剂的极性越强。本实验选择四种有机溶剂异辛烷($\lg P = 4.5$)、正己烷($\lg P = 3.0$)、异丙醚($\lg P = 1.9$)、四氢呋喃($\lg P = 0.5$),研究溶剂对脂肪酶拆分萘普生的影响,初步确定脂肪酶拆分萘普生的最优溶剂的 $\lg P$ 范围,在后续的实验中可以根据该 $\lg P$ 范围进一步优化反应的溶剂。

(四)器材与试剂

电子天平,回旋式水浴恒温摇床,离心机,手性色谱柱,高效液相色谱(带紫外检测器)。

具塞锥形瓶,容量瓶,烧杯,量筒,移液器,一次性针式有机过滤头(规格 0.45 μm),一次性注射针管(规格 1 mL)。

固定化脂肪酶 Novozym 435(购于诺维信公司)。

标准品:(R, S) – 萘普生,(R, S) – 萘普生丙酯。

分析纯试剂(用于拆分反应):(R, S) – 萘普生,正丙醇,异辛烷,正己烷,异丙醚,四氢呋喃。

色谱纯试剂(用于高效液相色谱检测):正己烷,乙醇,三氟乙酸。

（五）实验方法

1. 有机相中脂肪酶拆分(R,S)－萘普生

为了防止溶剂的挥发,反应在 50 mL 的具塞锥形瓶中进行,加入 0.1 g Novozym 435,0.1 mmol(R,S)－萘普生和 1 mmol 正丙醇,分别用异辛烷、正己烷、异丙醚、四氢呋喃补足 10 mL 体积。具塞锥形瓶放置在 50 ℃ 水浴摇床 200 r/min 反应 24 h,各取 200 μL 反应液,10 000 r/min 离心 5 min,用一次性针管吸取上清并用 0.45 μm 有机过滤头过滤,取 100 μL 滤液,用正己烷稀释成 1 mL,用于高效液相色谱分析。

2. 反应产物的色谱分析

（1）反应产物的定性分析

色谱柱:手性色谱柱(Chiralcel OD-H,Japan,Daicel chemical,0.46φ×25);进样量:7.5 μL;流动相:正己烷/乙醇/三氟乙酸(85/15/0.1,0.5 mL/min);柱温:30 ℃;检测波长:254 nm(紫外检测器)。在上述条件下,(R)－萘普生丙酯、(S)－萘普生丙酯、(R)－萘普生和(S)－萘普生在 Chiralcel OD-H 柱上依次出峰,保留时间范围大约为 8~13 min。

（2）反应产物的定量

采用外标法定量,准确称取不同量的(R,S)－萘普生和(R,S)－萘普生丙酯的标准品加入到 10 mL 容量瓶中,用正己烷稀释至刻度,配制成浓度为 10、20、30、40、50 mmol/L 的(R,S)－萘普生和(R,S)－萘普生丙酯标准溶液,由于 S 型对映体和 R 型对映体的量是相等的,因此两种标准品溶液中的各对映体浓度为 5、10、15、20、25 mmol/L。测定不同浓度标准品溶液的峰面积,每个浓度测定三次,制作峰面积－对映体浓度的标准曲线。利用线性回归分别求出各对映体标准曲线的回归方程,$Y = a_b X (b = 1,2,3,4)$,其中 X 为峰面积,Y 为对映体浓度。样品中的各对映体浓度根据检测谱图的色谱峰面积,代入到各自标准曲线回归方程计算得。

3. 反应参数的定义和计算

（1）对映体过量值(enantiomeric excesses)　用 ee(%)表示。它表示底物或产物中一种对映体对另一种对映体的过量程度。ee_s(%)表示底物(substrate)的对映体过量值,ee_p(%)表示产物(product)的对映体过量值。

$$ee_s(\%) = |R_s - S_s| / (R_s + S_s)$$

$$ee_p(\%) = |R_p - S_p| / (R_p + S_p)$$

式中:R_s—R 型底物,即(R)－萘普生的浓度;

$\quad$ S_s—S 型底物,即(S)－萘普生的浓度;

$\quad$ R_p—R 型产物,即(R)－萘普生丙酯的浓度;

$\quad$ S_p—S 型产物,即(S)－萘普生丙酯的浓度。

（2）转化率(conversion)　反映了在一定体系下酶的催化能力,用 c(%)表示。

$$c(\%) = ee_s / (ee_s + ee_p) \times 100\%$$

（3）对映体选择率(enantiomeric ratio)　用 E 表示。E 值综合考虑 ee 值和转化率对酶催化反应的影响。

$$E = \ln[1 - c \times (1 + ee_p)] / \ln[1 - c \times (1 + ee_p)]$$

（六）实验报告

分别计算异辛烷、正己烷、异丙醚、四氢呋喃中 Novozym 435 拆分(R,S) – 萘普生反应的 $ee_s(\%)$、$ee_p(\%)$、$c(\%)$和E，并讨论溶剂对拆分结果的影响。

（七）思考题

反应溶剂对脂肪酶拆分萘普生的影响？

（金　子）

实验十七

微生物转化法制备雄烯二酮

一、研究背景

随着甾体化学的迅速发展,甾体药物已经逐渐成为医药领域的重要门类,在临床上的应用日益广泛。在世界范围内其产量仅次于抗生素,为第二大类药物。雄烯二酮(雄甾 - 4 - 烯 - 3,17 - 二酮)是制备甾体激素类药物的重要中间体。雄烯二酮主要用来生产雄性激素、蛋白同化激素、螺内酯等药物。雄烯二酮除了可以合成性激素外,还可以通过在其 C1 位酮基上引入皮质激素侧链使之能够应用于皮质激素的生产。因此,通过雄烯二酮几乎可以合成所有的甾体药物。

甾体药物的结构比较复杂,若用全合成方法进行制备,常常由于反应步骤较多,不甚经济。因此,甾体药物的生产极大部分都是利用已具有甾体骨架的天然产物进行结构改造而成。其中,从薯蓣皂苷元中提取薯蓣皂素作为合成甾体药物原料,在相当长的一段时期内占据着主导地位(约占 70 %)。另一种合成方法是微生物转化法。目前在甾体激素药物的生产中,常用的微生物菌种主要有分枝杆菌属(*Mycobacterium* sp.)、简单节杆菌(*Arthrobacter simplex*)、戈登氏菌属(*Gordonia* sp.)及其他经诱变的菌种,比较重要的微生物转化反应主要有羟基化、脱氢、边链降解等。在这些反应中,可以直接利用微生物切除天然甾体的侧链生产雄烯二酮,再经化学方法进行结构改造可得到一系列有价值的甾体激素类化合物。以胆固醇为原料合成雄烯二酮的反应如图 5 - 1,在一系列酶的催化作用下,胆固醇的 C3 位被酯化,$\triangle^5$ 双键被异构酶催化转位到 $\triangle^4$ 双键以及 C17 边链被降解。此外,微生物转化甾体物质与一般的氨基酸和抗菌素发酵不同,转化产物不是微生物的代谢产物,而是利用微生物所产生的酶对底物的某一部位进行特定的生物化学反应来获得一定的产物。由于甾体或甾醇一般不是微生物代谢途径中起生理作用的物质,甾体类物质像其它营养物质一样,会被微生物最终分解为二氧化碳和水。因此,在微生物转化合成甾体物质还需要避免甾核的降解。

目前,微生物转化法制备雄烯二酮的研究思路主要集中在以下 3 个方面:

1. 利用植物甾醇制备雄烯二酮

植物甾醇广泛存在于植物的组织中,特别是含油植物的种籽和果实中的甾醇含量特别丰富。目前植物甾醇主要来源于植物油精炼脱臭馏出物中的不皂化物。其中,大豆油脚作为豆油生产过程中的副产物,在我国每年的总产量在 10 万吨以上。尝试以植物甾醇为原料,利用分枝杆菌转化制备雄烯二酮。为解决植物甾醇在水中的溶解度低的问题,利用乙醇溶媒法、Tween 80 乳化法、超声波乳化法、β - 环糊精包埋法对植物甾醇进行处理来确定底物的适宜处理方式。

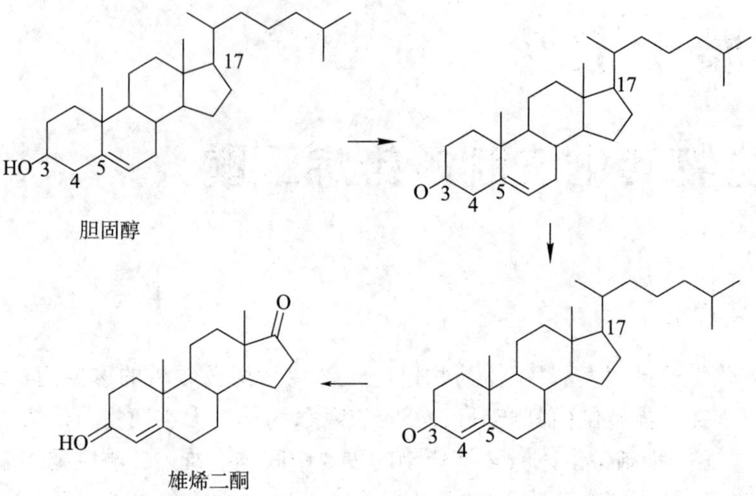

图 5 - 1　微生物转化胆固醇制备雄烯二酮

2. 比较不同转化工艺制备雄烯二酮

分枝杆菌降解植物甾醇侧链制备雄烯二酮的转化工艺主要分以下几种:

(1) 一步转化法　培养菌体到适当时间,然后添加底物,随着菌体的继续生长同时进行甾体的转化。

(2) 静息细胞转化法　将菌体培养至一定时间后,离心获得菌体,将得到的菌体悬浮于无菌水或缓冲液中,投入底物进化转化。这种转化方式可以缩短反应时间,减少反应杂质,有利于产物的分离提取。

(3) 协同转化法　采用将两种微生物分别培养后按顺序对底物进行静息细胞转化;或将两种微生物分别培养后混合对底物进行静息细胞转化;或将两种微生物混合培养对底物进行一步转化法。

(4) 固定化菌体细胞转化法　菌体培养至一定时间后,离心获得菌体,将得到的菌体固定在聚丙烯酰胺、海藻酸等载体上,投入底物进行转化。相比静息细胞转化法,固定化细胞的酶活损失较小,可以进行多次反应,缺点是底物需要通过载体和细胞膜两层障碍,导致转化速率较慢。

3. 微生物菌种的诱变

用物理方法(研究证明化学诱变剂作用不大)对分枝杆菌进行诱变育种,以获得转化雄烯二酮能力强的菌株。常用的物理诱变方法有紫外照射(考虑紫外灯功率、照射距离、照射时间等)、激光照射(考虑波长、能量密度、辐照次数等)、γ 射线(考虑照射剂量)等方法,也可以将这几种方法进行组合。

三、实验设计举例

(一) 实验题目
紫外诱变雄烯二酮生产菌株。

(二) 实验目的
筛选一株转化雄烯二酮能力强的菌株。

（三）实验设计思路

目前生物转化法生产雄烯二酮(AD)还未实现大规模工业化生产的主要原因之一是出发菌株转化甾醇能力低,转化不够彻底。在微生物降解甾醇过程中,由于存在母核的降解而导致无法得到 AD。目前,一般采用 3 种方法来抑制微生物的对甾醇母核的降解。通过对甾醇进行结构改造来阻止酶对母核的降解,加入酶的抑制剂抑制母核降解关键酶(如 C1,2 - 脱氢酶和 9α - 羟化酶)和对菌种进行诱变产生仅能降解甾醇侧链的突变株。本实验将通过菌种诱变提高菌株的生产能。紫外线是一种最常用有效的物理诱变因素,其诱变效应主要是由于它引起 DNA 结构的改变而形成突变型。

（四）器材和试剂

电子天平,pH 计,紫外灯,超净工作台,灭菌锅,恒温旋转式摇床,高速离心机,气相色谱仪。

大豆甾醇;酵母粉,玉米淀粉,葵花油;乙酸乙酯(色谱纯),分析纯试剂见培养基组成。

菌种:能转化植物甾醇的分枝杆菌 *Mycobacterium* sp.。

完全培养基(g/L):酵母粉 0.5,氯化钠 0.5,葡萄糖 0.5,蛋白胨 1;pH 6.8。

基本培养基(g/L):磷酸二氢钾 0.05,磷酸氢二钾 0.2,硫酸镁 0.05,氯化钙 0.02,硫酸锰 0.05,硫酸钠 0.05,硫酸亚铁,0.05;pH 6.8。

斜面培养基(g/L):葡萄糖 1,甘油 2,硫酸铵 0.2,磷酸氢二钾 0.05,琼脂 1.5;pH 6.8。

液体种子培养基(g/L):玉米淀粉 6,硫酸铵 0.25,磷酸氢二钾 0.12,消泡剂 0.007;pH 7.0。

发酵培养基(g/L):有机相为葵花油 16,大豆甾醇 0.6,水相为玉米淀粉 6,硫酸铵 0.25,磷酸氢二钾 0.12,消泡剂 0.007;pH 7.0。

（五）实验方法

1. 紫外诱变

将出发菌株新鲜斜面用无菌水洗下,并转移到灭菌的、装有玻璃珠的三角瓶中,在 28 ℃、200 r/min 的旋转摇床上振荡 30 min,制成浓度约为 10^7 个细胞/mL 的菌悬液。采用 15 W 紫外灭菌灯,距离菌悬液为 30 cm 照射,液体厚度约为 0.1 cm 左右,照射时间分别为 20、30、40、50、60、70、80 s,随后避光保存。注意紫外线对人体的细胞,尤其是人的眼睛和皮肤有伤害,长时间与紫外线接触会造成灼伤。故操作时要戴防护眼镜,操作尽量控制在防护罩内。

2. 雄甾烯酮转化菌的筛选

取 1 mL 诱变后的菌体接种到 200 mL 完全培养基中,振荡培养 20 h;取 10 mL 培养液离心分离,用无菌水洗涤 3 次;取 0.1 mL 菌液涂在以植物甾醇为唯一碳源的基本培养基上,30 ℃培养 3 d,将生长旺盛的菌落取出,用完全培养基摇瓶培养 48 h,取 10 mL 培养液离心分离,用无菌水洗涤 3 次;再加入到 100 mL 基本培养基振荡培养 6 h,将菌体加到含 0.1 g/L AD 的基本培养基中振荡培养 6 h,加入 200 U/mL 的青霉素,继续培养 24 h;取 0.1 mL 菌液涂在以植物甾醇为唯一碳源的基本培养基上,30 ℃培养 3 d;将生长的菌落转接至 AD 为唯一碳源的基本培养基上,30 ℃培养 3 d,将在以 AD 为唯一碳源的基本培养基上不生长、在以植物甾醇为唯一碳源的培养基上生长的菌落挑出转接斜面。

3. 大豆甾醇的转化

斜面 30 ℃培养 5 d,取一环接种至液体种子培养基中,置于 130 r/min 旋转式摇床上,30 ℃培养 3 d。液体种子培养 3 d 后,以接种体积分数 10 % 接入发酵培养基中,置于 250 r/min 旋转式摇床上,30 ℃培养 7 d。

4. AD 含量的检测

转化完成后,加入发酵液油相等体积的乙酸乙酯提取 AD,振荡 10 min,至充分溶解后,静置分层。5 000 r/min 离心 10 min,取上层清液,稀释 100 倍,取 1 μL 用气相色谱进行检测。

色谱条件:日本岛津 GCMS – QP 2010 型气相色谱仪;色谱柱为 SGE AC – 5 气相毛细管柱(30 m×0. 25 mm、0. 25 μm);载气为 N_2,载气流速 1 mL/min,柱温为 280 ℃,进样口温度 280 ℃,FID 检测器温度为 300 ℃。

(六) 实验报告

以诱变前的菌株为对照,比较不同紫外照射时间的突变株转化大豆甾醇的能力。

(七) 思考题

除了紫外诱变,还有哪些菌种诱变的方法?

第六章

蛋白质表达设计性实验

实验十八

荧光蛋白 Dronpa 的表达和纯化

一、研究背景

获得纯的蛋白样品是许多实验重要的第一步。直接从自然界中所得到的纯种蛋白数量极小,大多数感兴趣的蛋白必须经过异种表达或化学合成方法得到。异种表达的优势在于,可制备小量或大量纯化的蛋白,包括修饰的或工程化蛋白。而且,它还可从病原微生物中表达蛋白,不用担心生物安全性问题,仅在处理来源微生物时需要考虑。异种表达通常需要对开放阅读框架进行功能分析。

(一) 表达系统

进行异种表达和蛋白纯化的第一步,是选择正确的表达系统。主要有五种可用于蛋白制备的蛋白表达系统:细菌、酵母、昆虫细胞、哺乳动物细胞和体外系统。

1. 细菌

细菌表达系统是应用最早、最普遍的一种异源表达系统,表达的蛋白量很高(>100 mg)。但却不能表达功能性哺乳动物蛋白,因为细菌缺乏真核细胞翻译后修饰机制、折叠机制、伴侣蛋白等。

2. 酵母

酵母表达系统是最简单的真核系统。但是,其翻译后修饰和蛋白折叠功能不完善,且不能表达跨膜蛋白。

3. 昆虫细胞

昆虫细胞表达系统优于细菌和酵母表达系统,是制备大量功能性真核蛋白的有力工具。昆虫细胞表达系统可用于表达全功能性修饰哺乳动物蛋白和哺乳动物膜蛋白,比如:人甘氨酸受体。

4. 哺乳动物细胞

哺乳动物细胞表达系统可表达小量真核蛋白。其可提供表达功能性和翻译后修饰哺乳动物蛋白所需要的全套酶,但是很难进一步提高产量。

5. 体外

体外表达系统,或称无细胞表达系统,包括仅翻译系统(translation-only)和转录 – 翻译系统(transcription-translation)。仅翻译系统,是利用体外转录试剂盒,将 RNA 转换成蛋白质;转录 – 翻译系统,也是利用试剂盒将载体 DNA 直接转成蛋白质。可应用体外表达系统的包括许多有机体,如大肠杆菌、小麦胚、兔网织红细胞等,可用于制备全功能性和修饰蛋白。体外表达系统通常用于制备小量蛋白,特别是通过放射性标记氨基酸制备放射性蛋白(如蛋氨酸或半胱氨酸中的^{35}S 放射性标记)

每种表达系统都有各自的优缺点。选择何种蛋白表达系统需提早确定。对大多数异源基因而言,大肠杆菌表达系统是优先考虑的,因其操作简单、表达量高。如果功能性蛋白无法在大肠杆菌中表达,再考虑其它表达系统。如果表达蛋白含有明显的翻译后修饰或真核膜蛋白,应考虑昆虫细胞或体外表达系统。

(二) 目的基因的获得

(1) 如果目标蛋白已有研究,可从研究机构获得该基因材料。但表达载体未必是正确的。

(2) 商品化购买。

(3) 从基因组文库或 cDNA 文库中获得。

(三) 选择表达载体

表达载体需含有如下组分:复制起点(origin of replication,ori),选择性标记(典型的有:氨苄青霉素,卡那霉素,四环素),适合外源基因插入的多克隆位点,启动子,用于蛋白纯化或抗体识别的标签。

1. 启动子

用于蛋白表达系统的启动子主要有两种:组成性激活启动子、诱导启动子。前者在外源基因插入后,持续表达目的蛋白;后者在诱导因素作用下大量表达目的蛋白。诱导启动子的优势在于,可调控蛋白过量表达,还可高水平表达对宿主细胞有毒的蛋白。最常用的载体如表 6-1 所示。

表 6-1 蛋白表达所用启动子

宿主	启动子
细菌	T7,LacUV5,tac,araBAD
酵母	LAC4,AOX1,GAP
昆虫细胞	Hr5/ie1,p10,gp64,polh,Ac5,MT
哺乳动物细胞	CMV,SV40,RSV,U6,E1b,EF-1α
体内系统	T7,SP6

由 T7 启动子调控的大肠杆菌表达系统是目前最常用的表达系统。

2. 蛋白标签

蛋白表达载体一般含有用于纯化和检测异源表达蛋白的标签。在多数情况下,标签附着于表达蛋白的 N 端或 C 端,并被一起转入蛋白表达载体中。若载体已带有 N 端标签,但不想将目标蛋白与其相连,需在转入目的基因前,将此 N 端标签去除。若载体已带有 C 端标签,但不想将目的蛋白与其相连,可保留原始终止密码。

蛋白表达标签可分为两类:纯化标签和免疫组化标签。然而,许多标签兼具这两种功能。常用标签如下。

(1) His-Tag His-Tag 标签含有 6~9 个重复的组氨酸残基,可用于纯化和免疫组化检测。也可应用于荧光和酶联免疫吸附实验检测。

(2) GST-Tag GST-Tag 是将谷胱甘肽 S-转移酶与目标蛋白连接。典型的 GST-Tag

含有 220 个氨基酸,固定于凝胶上的谷胱甘肽可以与目的蛋白上的 GST-Tag 中的谷胱甘肽 S-转移酶结合(酶和底物的特异性结合),从而分离和纯化目的蛋白。应用 GST-Tag 抗体可对目标蛋白进行免疫检测。

(3) CBD-Tag CBD-Tag 通常是指两种不同的蛋白标签,即纤维素结合标签和几丁质结合标签。纤维素结合标签是基于纤维素和蛋白质结合的原理,达到分离目标蛋白的目的。几丁质结合标签是一种 53 个氨基酸的亲和标签,可与几丁质包被的微球结合。

(4) 抗原决定簇标签   最常用的抗原决定簇标签包括 HA-tag(YPYDVPDYA),Myc-tag(EQKLISEEDL), FLAG-tag (DYKDDDDK), HSV-tag (QPELAPEDPED), S-tag (KETA-AAKFERQHMDS),以及 Strep-tag(WSHPNFRK)。

许多载体的蛋白酶切割位点一般紧接蛋白标签的下游,在目标蛋白表达和纯化后,可方便去除。典型的蛋白酶切割位点包括:凝血酶、肠活素、因子 Xa。

3. 载体的选择

选择载体时,需考虑的最重要的因素,是宿主及蛋白纯化。许多载体所含有的启动子可在不同宿主中启动蛋白表达,如 Merck 公司的 pTriEx 载体,Qiagen 公司的 TriSystem 载体,它们在昆虫细胞、哺乳动物细胞以及细菌中都可表达。当不清楚应该选择何种载体表达目的蛋白时,可以考虑用上述载体。

选择载体时,另一个需要考虑的因素是抗生素抗性。大多数商业化载体编码氨苄青霉毒抗性或卡那霉素抗性,有些载体同时具有这两种抗性。在大肠杆菌中表达时,要注意宿主大肠杆菌是否已具有抗生素抗性。选择哺乳动物细胞作为宿主时,需建立含该载体的稳定细胞株,这些细胞株需对下列物质,如杀稻瘟菌素,G418(遗传霉素),匀霉素 B 等有抗性。

(四) 亚克隆入表达载体

在目的基因和表达载体确定后,目的基因需亚克隆入表达载体中。亚克隆的方法很多,选择依据在于目的基因和表达载体的性质。

(五) 表达菌株和细胞株的选择

1. 菌株

已有许多菌株被优化用于蛋白表达。经过基因工程改造的菌株,增强了蛋白表达特别是真核蛋白表达的功能。

(1) Origami(DE3)   大肠杆菌 Origami 菌株编码硫氧化蛋白和谷胱甘肽还原酶突变,当过表达真核蛋白时,会改变细菌细胞质基质内环境,增强二硫键的形成。Origami 菌株即可作为 K12 来源的菌株,也可作为 BL21 来源的菌株。

(2) Rosetta(DE3)   大肠杆菌 Rosetta 菌株通过将 tRNAs 和大肠杆菌密码子结合,常用于增强真核表达。该菌株应用范围广泛,蛋白表达量高。

(3) Tuner(DE3)   大肠杆菌 Tuner 菌株中 *lacZY* 缺失突变,使 IPTG 可进入所有细胞中。因此,菌株中 IPTG 的浓度可用于控制蛋白表达水平。这就使低水平蛋白表达成为可能,从而增加正确折叠的过表达的真核蛋白数量,避免蛋白聚集和错误折叠。

(4) Rosetta-gami(DE3)   大肠杆菌 Rosetta-gami 菌株与经典菌株,如 BL21(DE3)相比,其生长缓慢、蛋白表达量低,适于真核蛋白表达。

2. 酵母

最常用的酵母表达系统是 Kluyveromyces lactis 和 Picha pastoris，可用于高水平蛋白表达。

3. 昆虫细胞

最常用的昆虫细胞表达株是 Sf21 细胞，Sf9 细胞，S2 细胞等。这些细胞均生长迅速，可实现高密度培养。

4. 哺乳动物细胞

许多哺乳动物细胞可用于蛋白表达，代表性的如中国仓鼠卵巢细胞（CHO）、NIH3T3 细胞、HeLa 细胞、Jurkat 细胞以及 HEK293 细胞。贴壁和半贴壁细胞都可获得较高的蛋白表达量，但悬浮细胞的表达量最高，因为后者细胞培养密度更高。

（六）蛋白表达

不同表达体系的质粒转化和蛋白表达各不相同。目前对细菌的蛋白表达研究较为透彻，细菌是表达异源蛋白最常选用的，且表达量也较高。

将带有目标蛋白基因的载体，在 T7 启动子的调控下，转入大肠杆菌中。转染后，将细菌培养过夜至细菌生长平台期。在进行扩大培养，当达到指数生长期的中间阶段时（特征是菌的 OD_{600} 时为 $0.5 \sim 0.8$），加入 IPTG，诱导外源蛋白表达的时间通常为 $2 \sim 12$ h。不同目的蛋白的表达条件不一样，需要摸索出最适合的表达条件。所表达出的蛋白用 SDS – PAGE 方法检测。

（七）蛋白检测

蛋白检测方法包括 SDS – PAGE 和 western blot 方法。

（八）蛋白分离和纯化

在确认蛋白表达后，蛋白必须分离和纯化。蛋白分离和纯化包括色谱分析和缓冲液置换后的细胞溶解。纯化的程度由下游的使用目的决定。用于生化分析的蛋白质仅需 80 – 90 % 的纯度，用于结晶和光谱分析的蛋白质，纯度要高于 99 %。

1. 天然和非天然纯化

蛋白质可以以天然或变性状态纯化。天然蛋白纯化可以得到正确的蛋白折叠构象，蛋白也具有生物学活性。而非天然纯化将得到非折叠蛋白，在进行后续的生物化学检测时，需要将蛋白重新折叠成正确的构象。多数情况下，应首选天然蛋白纯化的方法，因为这种方法可直接得到活性蛋白。然而，天然蛋白纯化过程要求仔细选择缓冲液、变性剂和层析条件，以防止发生蛋白变性；甚至在不同阶段都要检测蛋白功能，以确保蛋白保持活性构象。此外，天然纯化必须在蛋白表达后立即进行，因为细胞溶解的蛋白混合物很难保存。

非天然蛋白纯化得到的蛋白产量更高，因为纯化过程中作用剧烈的变性剂可以使包涵体溶解。而且，在纯化的任一阶段，可以暂停并将中间产物储存在 – 80 ℃。因此，只要蛋白可以正确折叠，非天然纯化更有优势。蛋白质的重新折叠通过在亲合层析过程中除去变性剂，或快速稀释完成。要得到正确折叠的蛋白，甚至需要尝试数百种不同的条件。

2. 蛋白质溶解产物的制备

对于非天然蛋白的纯化，使用离子变性剂来得到细胞破碎产物，例如存在于高浓度的变性剂 – 6 mol/L 盐酸胍或 8 mol/L 尿素中的 SDS，还原剂如二硫苏糖醇（DTT）或 β – 巯基乙醇。这些强变性剂可以溶解细胞中的所有蛋白质。细胞碎片可以通过离心去除。

对于天然蛋白的纯化,必须在相比非天然蛋白纯化更温和的条件下进行。细胞用机械力或非离子变性剂或两者的组合破碎。小于 10 g 的细胞在低离子强度溶液和蛋白酶抑制剂存在的条件下,用超声波破碎。此过程要保持低温,因为超声过程中会产热导致蛋白变性。除机械破碎外,高浓度的非离子变性剂(一般为 1 %),比如 n – 十二基 – β – D – 麦芽苷,可用于破坏细胞膜。目前,已有许多商品化的破碎细胞的非离子变性剂试剂盒出售。细胞破碎后,必须离心除去不溶物,再进行下面的柱层析实验。

(九)色谱分析

柱层析可以纯化从微克到克的蛋白量。柱子的种类和数量的选择,是由蛋白的性质、蛋白标签、蛋白表达所用的菌株或细胞株、蛋白的纯度要求等决定。

1. 色谱分析法

蛋白质色谱分析可以利用简单的重力使液体流动,或在低、中、高压力下,使用复杂的装置。色谱柱通常和收集器相连。稍复杂些的低压柱使用一个蠕动泵提供持续的低流速,一个 UV 检测器检测柱子内的蛋白流速。肽的吸收波长是 220 nm,芳香族氨基酸的吸收波长是 280 nm,由此可以测定蛋白质的流速。中等压力的色谱柱,比如 GE 公司的快速蛋白质液相色谱柱,以及 Bio-Rad 公司的中压液相色谱柱(MPLC),流速高、计算机控制,同时有注射阀或自动注射器。

2. 亲和色谱

亲和色谱是利用蛋白质可以和柱子特异性结合的特性,将蛋白质吸附在柱子上,再用竞争性试剂将其洗脱下来。例如,带有 His-tag 标签的表达蛋白,可以和柱子上固定的二价镍离子或二价钴离子结合,再用高浓度的咪唑将目的蛋白洗脱下来。许多金属螯合树脂可用于蛋白质纯化。利用蛋白质上的标签,甚至仅需亲和色谱一步,就可得到足够纯度的蛋白质用于后续分析。

离子交换色谱代表第二种类型的亲和纯化技术,主要用于带有标签的目的蛋白的进一步纯化。蛋白质借助离子作用与柱子上的阴离子或阳离子结合。蛋白质与柱子结合的紧密程度与蛋白质自身的等电点以及柱子的电荷有关。在高于等电点的 pH 环境中不变性的蛋白质用阴离子交换色谱纯化;在低于等电点的 pH 环境中不变性的蛋白质用阳离子交换色谱纯化。通过提高洗脱液的离子强度或改变 pH,使目的蛋白从柱子上洗脱下来,同时,也使蛋白质处于中性环境中。

3. 分子排阻色谱

分子排阻色谱一般用于蛋白纯化的最后一步,又称为凝胶渗透色谱法(gel permeation, GPC)。是根据蛋白质分子的大小和形状进行分离。凝胶颗粒内部充满孔隙,有一定的大小。大分子的蛋白质无法进入孔隙,被首先洗脱下来;小分子的蛋白质进入孔隙,后洗脱下来。GE 公司的 Sephadex,是一种多葡聚糖凝胶,也是应用很广泛的分子排阻色谱柱。Sephadex 有不同的尺寸、不同的流速和不同的压力可供选择。Sephadex G-xx,其中 xx 代表孔径的大小,例如,Sephadex G-50,可分离相对分子质量 1 500 ~ 30 000 的蛋白质;Sephadex G – 200,可分离相对分子质量 5 000 ~ 800 000 的蛋白质。

(十)缓冲液置换和浓缩

用于制备生化分析用的蛋白质的最后一步,是缓冲液置换和蛋白质的浓缩。这一步非常重要,因为如果亲和色谱是蛋白质纯化的最后一步,那么洗脱液中通常含有高浓度的盐或配基,将影响后续分析,因此,需要将纯化的蛋白置换入正确的缓冲液中。另外,纯化后的蛋白如果浓度太低,也不利于后续分析,需要进行浓缩。

1. 缓冲液置换

缓冲液置换有两种方法:透析和凝胶过滤。

透析:蛋白质被置于透析袋中,再放入含有置换缓冲液的容器中。透析袋有孔径,缓冲液分子可自由进出,而蛋白质分子被阻隔。最终,透析袋和容器中的缓冲液达到平衡,再用新的缓冲液替换,如此反复,达到置换的目的。

凝胶过滤:是利用分子筛效应进行快速缓冲液置换。此时,蛋白质分子应避免进入凝胶孔隙中,而缓冲液分子被滞留于孔隙中。用目的缓冲液收集蛋白质分子,即达到置换的目的。

2. 蛋白质浓缩

蛋白质浓缩的经典方法,是应用三氯乙酸(TCA)进行蛋白质沉淀,再用冻干法浓缩。然而,这种方法容易引起蛋白质变性。为防止蛋白质变性,人们在透析的基础上,发展出很多蛋白质浓缩的方法。最常应用的方法是,将蛋白质置于透析袋中,透析袋的孔径应小于蛋白质的相对分子质量。再将透析袋离心,缓冲液透过透析袋,袋内的蛋白质至少 50% 被可逆地吸附在透析袋表面,达到蛋白质浓缩又不发生变形的目的。另一种方法,是将含有目的蛋白质的透析袋,置于高相对分子质量、高浓度的溶液中,透析袋内的水被不断吸收,从而达到浓缩的目的。

二、实验设计举例

(一) 实验题目
荧光蛋白 Dronpa 的表达和纯化。

(二) 实验目的
制备几毫克的荧光蛋白 Dronpa。

(三) 实验设计思路

(1) 可商品化购买带有 Dronpa 目的基因,但不含有标签的细菌表达载体。用限制性内切酶切割目的基因;或用 PCR 的方法得到目的基因。

(2) 将目的基因克隆入带有标签的表达载体中,可选用简单的带有标签的表达载体。不需要用抗体来检测目的蛋白表达,因为此蛋白本身是带有荧光的。

例如,可选用商品化的 Clontech 公司的 pEcoli-Nterm-6x HN 表达载体,在肠活素激酶切割位点后,连有 His-tag 的标签,方便去除。

(3) 此表达载体带有 T7 乳糖启动子及氨苄青霉毒抗性基因。因此,用氨苄青霉毒做筛选,用 IPTG 进行诱导表达。

(4) 由于 Dronpa 蛋白无毒,宿主菌可选用 BL21。用新的质粒 pEcoli-Nterm-6x HN-Dronpa 转化细菌,在含有氨苄青霉素的选择性培养基上生长。第二天,挑选存活菌落进行扩大培养。摸索加入 IPTG 的诱导时间,以获得最大的蛋白量。

(5) 亲和柱的选择。针对 pEcoli 表达载体,Clontech 公司提供了不同柱类型供选择,有些最大化结合量,有些最大化纯度。本实验为得到高纯度的蛋白,故选择 His-TALON 柱。按照说明书,配置平衡液、洗脱液等。样品上亲和柱前,要用超声破碎、离心,取上清液过柱。最早出柱的液体应是无色;绿色的含有目的蛋白的液体将被最后洗脱下来。

(6) 收集的目的蛋白,可以用 SDS – PAGE 进行检测。

(蔡　琳)

参 考 文 献

[1] 张朝武,邱景富. 卫生微生物学[M]. 北京:人民卫生出版社,2012.

[2] 高向东,吴梧桐,何书英,等. 生物制药工艺学实验指导[M]. 北京:中国医药科技出版社,2008.

[3] 郝平. 环境微生物学实验指导[M]. 杭州:浙江大学出版社,2005.

[4] 杨文博. 微生物学实验[M]. 北京:化学工业出版社,2004.

[5] Cox GN,Pratt D,Smith D,et al. Refolding and characterization of recombinant human soluble CTLA – 4 expressed in *Escherichia coli* [J]. Protein Expr Purif,1999,17:26 – 32.

[6] Frangoni JV,Neel BG. Solubilization and purification of enzymatically active glutathione – *S* – transferase (GEX) fusion proteins [J]. Anal Biochem,1993,210:179 – 187.

[7] Volkel D,Blankenfeldt W,Schomburg D. Large-scale production,purification and refolding of the full-length cellular prion protein from Syrian golden hamster in Escherichia coli using glutathione – *S* – transferase-fusion system [J]. Eur J Biochem,1998,251:462 – 471.

[8] 郭军英. 关于血球计数板的使用及注意事项 [J]. 教学仪器与实验,2009,4:26 – 28.

[9] 何光源. 植物基因工程实验手册[M]. 北京:清华大学出版社,2007.

[10] 王关林. 植物基因工程[M]. 北京:科学出版社,2009.

[11] Beenken A,Mohammadi M. The FGF family:biology,pathophysiology and therapy [J]. Nat Rev Drug Discov,2009,8:235 – 253.

[12] Zakrzewska M,Marcinkowska E,Wiedlocha A. FGF – 1:from biology through engineering to potential medical applications [J]. Crit Rev Clin Lab Sci,2008,45:91 – 135.

[13] 徐小静,张少斌,王俊丽. 生物技术原理与实验[M]. 北京:中央民族大学出版社,2006.

[14] Huse WD,Sastry L,Iverson SA,et al. Generation of a large combinational library of the immunoglobulin receptor in phage lamba [J]. Science,1989,246(4935):1275 ~ 1281.

[15] Bábíéková J,Tóthová L,Boor P,et al. *In vivo* phage display-a discovery tool in molecular biomedicine [J]. Biotechnol Adv, 2013,31(8):1247 – 1259.

[16] 甄永苏,邵荣光. 抗体工程药物 [M]. 北京:化学工业出版社,2002.

[17] Hoogenboom HR. Selecting and screening recombinant antibody libraries [J]. Nat Biotechnol,2005,23 (9):1105 – 1116.

[18] de Haard HJ,van Neer N,Reurs A,et al. A large non – immunized human Fab fragment phage library that permits rapid isolation and kinetic analysis of high affinity antibodies [J]. J Biol Chem,1999,274(26): 18218 – 18230.

[19] Sheets MD,Amersdorfer P,Finnern R,et al. Efficient construction of a large nonimmune phage antibody library:the production of high-affinity human single-chain antibodies to protein antigens [J]. Proc Natl Acad Sci,1998,95 (11):6157 – 6162.

[20] Pini A,Viti F,Santucci A,et al. Design and use of a phage display library. Human antibodies with subnanomolar affinity against a marker of angiogenesis eluted from a two-dimensional gel [J]. J Biol Chem,1998,273 (34):21769 – 21776.

[21] Gnanasekar M,Rao KV,He YX,et al. Novel phage display-based subtractive screening to identify vaccine candidates of Brugia malayi [J]. Infect Immun,2004,72 (8):4707 – 4715.

[22] Hanes J,Plückthun A. *In vitro* selection and evolution of functional proteins by using ribosome display [J].

Proc Natl Acad Sci,1997,94(10):4937 – 4942.

[23] Zahnd C,Amstutz P,Plückthun A. Ribosome display:selecting and evolving proteins *in vitro* that specifically bind to a target [J]. Nat Methods,2007,4(3):269 – 279.

[24] Hanes J,Schaffitzel C,Knappik A,et al. Picomolar affinity antibodies from a fully synthetic naive library selected and evolved by ribosome display[J]. Nat Biotechnol,2000,18 (12):1287 – 1292.

[25] He M,Taussig MJ. Antibody-ribosome-mRNA (ARM) complexes as efficient selection particles for *in vitro* display and evolution of antibody combining sites [J]. Nucleic Acids Res,1997,2 (24):5132 – 5134.

[26] 李荣秀,李平作. 酶工程制药[M]. 北京:化学工业出版社,2003.

[27] 郭勇. 酶工程. 2 版[M]. 北京:科学出版社,2004.

[28] 高向东. 生物制药工艺学实验与指导[M]. 北京:中国医药科技出版社,2008.

[29] 夏焕章,熊宗贵. 生物技术制药. 2 版[M]. 北京:高等教育出版社,2006.

[30] 辛秀兰. 生物分离与纯化技术[M]. 北京:科学出版社,2008.

[31] 秦丽娜,喻晓蔚,徐岩. 非水相中微生物脂肪酶催化转酯化拆分(R,S) – α – 苯乙醇[J]. Chinese Journal of Catalysis,2011,32(10):1639 – 1644.

[32] Leng Y,Zheng P,Sun Z H. Continuous production of l-phenylalanine from phenylpyruvic acid and l-aspartic acid by immobilized recombinant *Escherichia coli* SW0209 – 52[J]. Process Biochemistry,2006,41(7):1669 – 1672.

[33] 董清平,方俊,田云,等. 高 F 值寡肽研究进展[J]. 现代生物医学进展(ISTIC),2009,9(2):368 – 370.

[34] 陈小林,张明杰,樊晓焕. 2 – 芳基丙酸不对称合成研究进展[J]. 化学工业与工程,2004,21(1):53 – 56.

[35] 梁建军,汪文俊. 微生物生物转化甾体化合物生产雄烯二酮研究进展[J]. 湖北农业科学,2012,51(7):1309 – 1312.

[36] Nadeau,Jay L. Introduction to experimental biophysics:biological methods for physical scientists [M]. Boca Raton:CRC Press,2012.

附录一

四大类微生物菌落的基本特征

类群 特征	细菌	放线菌	真菌	
			酵母菌	霉菌
菌落表面 形态特征	圆形或不规则型;边缘光滑或不整齐;大小不一;表面光滑或皱褶;颜色不一,常见灰白色、乳白色;湿润、黏稠菌落呈透明、半透明或不透明	与细菌比较,主要区别为表面干燥,菌丝体较细,因产生大量的分生孢子,呈细致的粉末状或茸毛状	颇似细菌的菌落,较细菌大而厚,一般圆形,边缘整齐,表面光滑,但不及细菌菌落湿润、黏稠,多显乳白色,白蜡状	与细菌比较,差异显著。与放线菌比较,表面呈绒毛状或棉絮状;如呈粉末状,则不及放线菌致密
菌落在培养基上生长情况	整个菌落易用接种环从培养基表面刮去	菌落表面的粉末或茸毛,气生菌丝和孢子丝可用接种环从培养基表面刮去,但菌落基部(基质菌丝)不易用接种环刮去,留下圆形,密实的基部菌丝块	与细菌相似	与放线菌比较,整个霉菌菌落可用接种环从培养基表面刮去,不会在培养基上留下圆形、密实的基部菌丝块
菌落生长过程	从菌落形成到成熟,主要变化为增大、增厚、颜色加深	初期出现由密实的基质菌丝构成的菌落,随后菌落表面出现细致、绒毛或粉末状的气生菌丝和孢子丝,并呈现不同颜色	与细菌相似。	初期出现白色或无色的绒毛状或棉絮状菌落,随后霉菌形成孢子,呈现粉末状和不同颜色
可能出现的气味	臭味	土腥味、冰片味	酒香味	霉味

附录二

一、aFGF₁₉₋₁₅₄氨基酸序列

ANYKKPKLLYCSNGGHFLRILPDGTVDGTRDRSDQHIQLQLSAESVGEVYIKSTETGQYL
AMDTDGLLYGSQTPNEECLFLERLEENHYNTYISKKHAEKNWFVGLKKNGSCKRGPRTH
YGQKAILFLPLPVSSD

二、引物序列

F1:5′ – GGAATTCCATATGGCTAACTACAAGAAGCCAAAG – 3′
R1:5′ – GCAGATCTTTAGTGATGATGATGATGATGATCAGA – 3′